2
思考致富
积极心态的力量

[美]拿破仑·希尔◎著
[美]克莱门特·斯通◎
翟亚美◎译

Copyright © [2025] by The Napoleon Hill Foundation
All rights reserved.
The simplified Chinese translation rights arranged through Rightol Media（本书中文简体版权经由锐拓传媒取得，Email:copyright@rightol.com）
版贸核渝字（2025）第064号

图书在版编目（CIP）数据

思考致富. 2, 积极心态的力量 /（美）拿破仑·希尔,（美）克莱门特·斯通著；翟亚美译. -- 重庆：重庆出版社, 2025.8. -- ISBN 978-7-229-19461-1
Ⅰ. B848.4-49
中国国家版本馆CIP数据核字第2025TX8453号

思考致富2：积极心态的力量

SIKAO ZHIFU 2: JIJI XINTAI DE LILIANG

[美]拿破仑·希尔　　[美]克莱门特·斯通　著　　翟亚美　译

出　　品：	华章同人
出版监制：	徐宪江　连　果
责任编辑：	史青苗
特约编辑：	孙　浩
营销编辑：	刘晓艳
责任印制：	梁善池
责任校对：	彭圆琦
装帧设计：	末末美书

重庆出版集团
重庆出版社　出版
（重庆市南岸区南滨路162号1幢）
北京毅峰迅捷印刷有限公司　印刷
重庆出版社有限责任公司　发行
邮购电话：010-85869375
全国新华书店经销

开本：800mm×1150mm　1/32　印张：7.75　字数：188千
2025年8月第1版　2025年8月第1次印刷
定价：49.80元

如有印装质量问题，请致电023-61520678

版权所有，侵权必究

前言

成功最大的秘诀是没有秘诀。

自本书发表25年来,已有数百万读者阅读过。成功的法则从来不是秘密,不是深不可测的,更不是晦涩难懂的,本书接下来会清晰地加以阐述。

就像书中所述的那些人一样,他们因为参透了本书的思想精髓,从而成就非凡,走在了你我的前面。如果你准备好了阅读本书,那么恭喜你,因为奇妙的事情马上就会发生。你会感到身心愉悦,会获得幸福感和财富,还会实现有价值的目标,且不会泯灭良知、违反法律或侵犯他人的权益。

因为本书的目标读者是新生代,所以给出一些我和已故的拿破仑·希尔博士之间的背景介绍,或许会有所帮助。

1937年,我创办并经营着一家专门从事意外保险销售的公司。有一次,一位赫赫有名的销售主管兼讲师莫里斯·皮克斯递给了我一本书。这本书刚刚问世,是拿破仑·希尔所著的《思考致富》。我很认同书中的哲学思想,所以读起来饶有兴致,以至于我把该书寄给了公司在美国各地的销售代表。

结果好极了。因为我有了新发现，而它带来的收益颇丰。我在《思考致富》中发现了一种工作方式，它激励了我的销售代表们通过自我激励法提升销售业绩，收获了大把的财富。自此以后，《思考致富》这本书就成了公司新员工的标配。

1951年，我第一次见到了希尔。当时他已经68岁，差不多退休了，仅偶尔演讲，在加利福尼亚州的格伦代尔过着乡村绅士一般的生活。我们相谈甚欢，一拍即合。我一再鼓励他重返职场，继续研究动机训练及进行相关写作。他同意复出，却有一个条件，希望我担任他的经理。尽管作为保险公司的负责人，业务繁忙，但我还是同意了。

《成功无限》创刊于1954年，最开始是面向"积极心态成功学"俱乐部成员的摘要类出版物。我们当时称它为《成功无限》，目的是每月为成员"充电续航"，使其斗志昂扬。因为我们认为："动机就像火焰，只有不断地添加燃料，才不会消失。"这个想法果真奏效了。

对于那些不熟悉这个国家的励志文学发展的读者来说，这些似乎令人难以置信。拿破仑·希尔的关于致富的观念可以追溯到1908年拿破仑·希尔的一次访谈，采访对象是伟大的钢铁大王安德鲁·卡耐基。

拿破仑·希尔于1883年生于弗吉尼亚州偏远山区，早年家境贫寒。但希尔有一位沉着冷静且颇具耐心的继母，她教诲他不要放荡不羁，而要接受教育，为自己设立远大的目标。大学期间，希尔在报社和杂志社做记者，所赚取的费用用于支付自己的学费，并且希望自己有一天能进入法学院。然而，有一天，当希尔被指派采访卡耐基时，这一切都变了。

安德鲁·卡耐基深谙人性。他知道要想激励一个有进取心、充满活力、坚持不懈并且其理性和感性处于平衡状态的性格外向者，就得给予他挑战。年轻的希尔就是这样的人，所以卡耐基为其设计了一个有趣的挑战。

卡耐基为希尔设置了两个问题："作为一个外国人，我能在这个伟大的国家做生意赚钱吗？""这里的人是如何成功的？"希尔回答之前，卡耐基又接着说："这里有一项挑战——用20年的时间来研究成功的哲学，并想办法给出答案。你愿意吗？"

"我愿意。"希尔说道。

安德鲁·卡耐基有一种强迫症，即认为生命中任何值得拥有的东西，都值得人们为之努力。

在接下来的20年里，希尔陆续采访了500多名成功人士，其中包括亨利·福特（Henry Ford）、威廉·瑞格利（William Wrigley）、约翰·沃纳梅克（John Wanamaker）、乔治·伊斯曼（George Eastman）、约翰·洛克菲勒（John D. Rockefeller）、托马斯·爱迪生（Thomas A. Edison）、西奥多·罗斯福（Theodore Roosevelt）、亚尔伯特·赫巴德（Albert Hubbard）、奥格登·阿尔穆（J. Ogden Armour）、卢瑟·伯班克（Luther Burbank）、亚历山大·格雷厄姆·贝尔博士（Dr. Alexander Graham Bell）、朱利叶斯·罗森沃尔德（Julius Rosenwald）等。

希尔最终于1928年完成了8册作品——《成功法则》（*Law of Success*）。这些书彼时在全世界发行，此刻也仍在重印，鼓舞了成千上万的人走向成功。

在参议员詹宁斯·伦道夫（Jennings Randolph）的推荐下，希尔成为美国两位总统伍德罗·威尔逊和富兰克林·德拉诺·罗斯福的顾问，影响着美国历史进程的决策。

你手上的这本书会具体地教你"做什么"和"如何做"，从而挖掘潜意识中的力量，并让其为你所用。试想一下：有没有人教你如何建设性地管理和协调你的激情、动机、本能、感觉，以及思想和行为上的习惯？有没有人教你如何制定远大的目标，不畏困难，努力实现目标呢？如果你的答案是没有，那么恭喜你，你正处于自我发现的边缘。如果你阅读本书并应用其中的法则，你就会知道这些问题的答案。

自本书发行25年来，已经印刷了多达90万册。读者反馈效果显著，生活得到了改善，也可以大胆地面对日常问题，梦想变为现实不再遥远。

著名的励志演说家、《世界上最伟大的推销员》（*The Greatest Salesman in the World*）及一系列畅销书的作者——奥格·曼狄诺（Og Mandino），就是因为阅读这本书，生活发生了翻天覆地的变化。对此，他在本书的序言中概述了发生在自己身上的事。

另外，当我把即将发行新版本的消息告诉诺曼·文森特·皮尔博士（Dr. Normal Vincent Peale）时，他写信告诉我，"这部著作是我们这个时代为数不多的富有创造性的图书之一，是渴望成功人士的必读书目"。

另一位本书的受益者——《成功之本》（*Seeds of Greatness*）和《制胜心理学》（*Psychology of Winning*）的作者丹尼斯·威特

利（Denis Waitley）说道："这本畅销不衰的经典图书改变了我的生活，让我从彼时的奔跑者变成了如今的领先者。拿破仑·希尔让我重新开始，这本书持续带给我灵感的源泉。我告诉世人，'如果想处于不败之地，每年都读一遍此书。'我确实这么做了，并且每次读它都有新发现。"

阅读本书的时候，要假设你和我们是朋友，这本书专门为你所写。那些对你有启发的句子、引文和字词，记得要做好标记。谨记自我激励法。本书的核心是激励你采取适当的行动。

亚伯拉罕·林肯养成了这样的习惯：从书中学习精华，从相遇的人身上汲取人生经验，从生活点滴中融会贯通。这个习惯让他学会了反思。通过反思，他能够对这些观点加以辨别，将其互相联系，吸收消化掉，并且学以致用。

你也可以做到！你可以将你的创造性思维、艺术才能、知识、个人魅力和能量转化为财富、成功和幸福。如果你愿意，这本书会告诉你如何利用自我激励法去搏一把。

在书中寻找你想要的信息吧。如果你找到了，就集中注意力，开始行动吧！在思考过程中，在计划的时间内，将思绪调整到预期的方向，尝试回答每个章节后面的问题。借用我所创立的公司的首席执行官——帕特·莱恩的一句话："心有多大，舞台就有多大，一切皆有可能。"

克莱门特·斯通

序

丹麦伟大的心理学家索伦·克尔凯郭尔曾经说过:"只有了解你的书才是好书。"

你手中所捧的就是这样的一本书——不仅是心理自助的经典之作,而且与你的困惑息息相关,像一位满腹智慧的老友一样为你指点迷津,实属难得。

即便如此,我还是要给你一些忠告。

或许这本书对你毫无用处,但你若想真正地过上更好的生活,并且愿意花时间思考,努力实现目标,那么你的手中就握着一颗钻石,它从一堆砂石中脱颖而出。你还握着通向美好未来的地图,这将重新定义你的未来。

接下来是我的经验之谈。许多年前,由于我的愚蠢和错误,我失去了所有重要的东西,包括家人和工作。身无分文、迷茫的我开始流浪,穿梭在各个国家,找寻自我,寻找人生可承受的答案。

我会在公共图书馆耗上一天,因为那里免费,充满温暖。我博览群书,阅读柏拉图等人的图书,以图通过不停地阅读纠正我的错误之处，好在余生做些什么来改过自新。

最终，我在拜读克莱门特·斯通和拿破仑·希尔合著的这部作品中找到了答案。我使用了该书中简单的技巧和方法超过15年，随之而来的财富和所收获的幸福，远远超过我的付出。我从一个一贫如洗、流离失所的流浪汉，最终成为两家公司的总裁，以及世界顶尖杂志《无限》的执行总编。我还写了6本书，其中一本是《世界上最伟大的推销员》，现已成为有史以来最畅销的销售类图书，已被译成14种语言，售出300多万册。

如果我没有在日常生活中运用本书中的成功法则，就不会有今天的成就。连我都能从零开始，白手起家，实现今天的成就，你们现在拥有的条件这么优越，为什么不去追求你们所能成就的将来呢？

我们生活在一个怪异的、变化无常的世界里，每天都会上演这样的一幕：预言家们接连不断地上台鼓吹自我的幸福和成功，这些却又像供人消遣的呼啦圈和假宠物一样，昙花一现。

你真的想改变生活吗？

如果你真的想改变，那么遇到本书可能是你生命中最幸运的事。让我们一起阅读、品味，再重读一遍，然后开始行动吧。如果你已下定决心，那么一切都非常简单。

我相信，美好的事情将会降临在你的身上。

奥格·曼狄诺

目录

第一部分　开启成功之旅	1
结识当今世界上最重要的人	2
改变世界	9
清除心灵的蛛网	26
敢于探索精神的力量	41
你应当了解更多	51
第二部分　助你成功的5个"精神炸弹"	59
你遇到问题了？这是好事儿！	60
学会观察	72
做好事情的秘诀	84
如何激励自己	95
如何激励他人	105
第三部分　打开财富之门的钥匙	116
致富有捷径吗	117

做一个吸引财富的人	119
没有资本，怎么办？巧用他人的钱生钱	132
如何从工作中收获成就感	149
强大的信念	161
第四部分　做好成功的准备	**174**
如何激发你的能量	175
身体健康、延年益寿的秘诀	183
你能吸引快乐吗	194
消除内疚感	208
第五部分　开始行动！	**218**
成功商测试	219
唤醒内心沉睡的巨人	228
阅读的奇妙能量	231

第一部分　开启成功之旅

结识当今世界上最重要的人！你会在书中某处与这个最重要的人会面，而他将改变你的人生，这一点会使你颇感震惊和意外。

结识当今世界上最重要的人

结识当今世界上最重要的人!

你会在书中某处与这个最重要的人会面,而他将改变你的人生,这一点会使你颇感震惊和意外。

人身上都有两股神奇的力量:一股力量吸引着财富、成功、幸福和健康;另一股力量却排斥这些,剥夺你人生中任何具有价值的事物。第一股力量就是积极心态,能让人攀登至成功顶峰,处于不败之地;而第二股力量会让人坠落至人生的低谷。一旦第二股力量附身,人就会堕落,这股力量其实就是消极能量。

或许,富勒的故事能说明这个道理。

富勒生活在路易斯安那州,是黑种人佃农的孩子。他家共有7个孩子。他5岁开始工作,9岁可以赶骡子。由于许多佃农家的孩子很小就开始工作了,所以这对于富勒再平常不过。而且,这些家庭似乎早已接受了这种贫穷的处境,也并不想改变现状。

在这方面,年少的富勒却不同于他的朋友们——他有一位了不起的母亲。虽然母亲知道这就是现状,但她不想让孩子们过这种勉强糊口的生活。肯定是哪里出了问题,我们才过不上那般快乐富足的生活。母亲过去常常和儿子谈起她的想法。

母亲常常说:"富勒,我们不该这样贫穷。我们生而贫穷——这种话我不想听到。之所以贫穷,是因为我们从来没有对致富的渴求。我们家的所有成员也没有想过要有所作为,出人头地。"

没有人有致富的渴望——这个想法在富勒的心中深深扎根,并改变了他的一生。他开始有想法,渴望成为有钱人。他深知自己想要什么,不想要什么。这样一来,心中的那股渴求愈加强烈。为了离梦想更近,他下定了决心——卖东西,因为这是挣钱最快的方式。12年来,他挨家挨户地上门售卖香皂。后来,他发现供货公司正在拍卖出售,售价15万美元。他算了一算,这12年来一共攒了2.5万美元。后来,他用这笔钱作保证金,承诺供货公司在10天期限内凑够12.5万美元。该公司同意了,但是合同里有一个补充条款:如果富勒没有凑够钱,保证金是不予退还的。

这12年来,虽然富勒只是香皂推销员,但他得到了很多生意人的尊重和钦佩。富勒此刻也想成为商人。他到朋友那儿,到贷款公司,到投资机构筹钱。截至第10天的傍晚,他共筹到了11.5万美元,离目标金额还差1万美元。

富勒回忆道:"当时,我已经绞尽了脑汁,所有能想到的信贷渠道都试了。"

彼时已是晚上11点,富勒开车驶入了芝加哥第61号街。穿过几条马路,最后在一个承包商的办公室前停了下来,因为他看到了希望的曙光。

富勒走进办公室,只见一个人坐在桌旁,可能工作到很晚的缘故，他疲态尽显。富勒对此人稍知一二，所以他必须冒险搏一把。

富勒直截了当地说："你想赚1000美元吗？"

听到这个问题后，那人吃了一惊，回答道："当然想了。"

富勒当时是这样说的："给我开1万美元的支票，等我回去，给你1000美元的利息。"

那天晚上走的时候，富勒口袋里装了1万美元。几年过去后，现在的富勒不仅拥有该公司的股权，还经营着其他七家公司，其中包括四家化妆品公司、一家袜类企业、一家印刷商标公司和一家报社。近期，当我们邀请富勒分享其成功的秘诀时，他借用母亲多年前的话，说道："之所以贫穷，是因为我们从来没有对致富的渴求。我们所有的家庭成员也没有想过将来要有所作为，出人头地。"

于你而言，成功可能是成为富有的富勒；对于化学家来说，成功是发现新化学元素；成功也可以是创作音乐，栽培玫瑰，抑或养育孩子。积极心态、消极心态是牌子的两面。如果你翻到积极心态那面，你就会吸引美好的、所想所愿的事物；反之，如果你翻到消极心态这一面，你会排斥以上事物。

以克莱姆·莱宾（Clem Labine）的故事为例。克莱姆·莱宾是整个棒球界耳熟能详的投手，他可以在比赛中投出最好的曲线——一个不匀称的曲线。当克莱姆还是一个小男孩时，他的右手食指受伤了，但由于固定得不到位，伤口愈合后，该食指的第一和第二关节之间永远弯曲。克莱姆一直对棒球有着浓厚的兴趣，但在这种情况下，他气馁了。在他看来，这是他棒球生涯的结束。

他的教练告诉他:"不要妄下结论。"

克莱姆听进去了教练的意见,开始坚持训练。不久,他发现自己的胳膊自然弯曲,每当练习时,那个弯曲的手指刚好派上用场。弯曲的手指让球在某种角度扭动和旋转,这是其他棒球手所不具备的。年复一年,他研究着这项旋转的技能,最终成为优秀的投手之一。

他是如何做到的呢?当然这一切要得益于他的天赋和不懈努力,但最重要的一点是——心态的改变。克莱姆·莱宾在逆境中学会了成长,看到了事物积极的一面。

你的工作时长有多少是在积极心态的作用下变得更加有价值?你有多少工作时长会被自己的消极心态操控,使你挫败,让你黯然神伤?

某些人只是偶尔心态乐观,一旦遭遇挫折,心态就会崩塌。其实,一开始的积极心态是正确的选择,但某些"不幸"使他们错误地翻到了牌子的消极面。而他们没有意识到,只有持续不断地保持积极心态才会获得成功。其实,某些人就同原先那匹有名的赛马约翰·P.格莱尔一样。

约翰·P.格莱尔是一匹优良的纯种马,事实上,这匹马接受过严苛的训练,而且世人都非常看好它,觉得只有它才有可能击败当时最厉害的赛马——马恩·奥威尔。

1920年7月,两匹马最终在杜威亚赛马比赛中相遇。这是了不起的一天,所有人的目光都聚焦在比赛起点。两匹马沿着赛道并排前进,不相上下。很明显,约翰·P.格莱尔竭尽全力地在跑这场比赛。到赛程的四分之一处时，它们势均力敌。甚至到了二分之一、四分之三处时，两匹马仍然不分伯仲。在离终点八分之一距离时，它们依然并驾齐驱。然而在最后冲刺阶段，约翰·P.格莱尔逐渐超越了劲敌，这一表现令在场的观众欢呼不已。

对马恩·奥威尔的骑师来说，这是紧要关头。他狠下心，第一次用鞭子重重地抽在了马身上，马的尾巴像是被点燃一样，迅速狂跑，一下把约翰·P.格莱尔甩在了后面，速度之快，就好像其他马都静止了一样。比赛的最后，马恩·奥威尔领先于其他马匹7个身长。

这里，我们须要特别关注失败的后遗症。约翰·P.格莱尔曾斗志昂扬，有很强的争胜心。但这次比赛的失利，让它一蹶不振。之后的所有比赛，它都输掉了，再也没有赢过。

这个故事映射了很多那些生活在繁荣时期的人。他们一开始都对成功抱有积极心态，相应地也获得了财富，但当经济大萧条席卷而来时，他们尝到了失败的滋味，对成功立马丧失了信心。他们的心态也从积极变为了消极。同这匹昔日的赛马约翰·P.格莱尔一样，他们不敢往前迈出一步，去发现更多的可能性。

某些人似乎一直保持积极心态，另一些人开始的时候心态乐观，后来却改变了。其实，我们绝大多数人从未真正开始利用这股强大的能量。

那我们该怎么办呢？必须同我们学习其他技能一样，习得积极的心态吗？

根据多年的经验来看，答案是肯定的。

积极心态是成功必不可少的普遍因素，你应该了解这门学问。

结识当今世上最重要的人。认识积极心态能量的那一刻，就是你结识当今世界上最重要的人的时刻！他是谁？当你开始关注自己本身和人生时，当今世上最重要的人就是你自己。请好好地审视一下自己。

经过多年对于成功人士的研究，本书的作者得出了这样一个结论：成功人士共有的秘密武器，就是积极心态。

或许，你没有保持积极心态。那么你就须要学习一些技巧，这些技巧可以帮助你释放积极心态的力量，继而在你的生活中发挥重要作用。

什么是积极心态？怎样开发积极心态的力量？如何将积极心态运用在生活和工作中？对此，本书都会一一道来。这是本书中17条成功法则中最重要的则之一。通过利用积极心态法则或者其他16项成功法则，你就能够获得成功。所以，掌握这项技能很有必要。当你阅读本书时，如果你掌握了这些法则，那就开始将其应用到你的生活中去吧。当你将每一条法则融入生活中，你会发现这些法则会影响你的心态，会让你的心态乐观。积极心态带来的可能是成功、健康、幸福、财富或者你的其他目标。这些美好的事物将会属于你，但前提是你不违反这些法则，不侵犯他人的权利，因为这些违规行为正是消极心态的表现形式。

你会找到保持积极心态的方法。掌握了该方法，并将其运用到你生活的方方面面，你就会踏上成功的道路，实现你的所想所愿。

指导思想回顾 1

1. 结识当今世上最重要的人！这个人就是你。成功、健康、幸福和财富，这些都取决于你的心态。

2. 积极心态具有吸引事物美好和积极面的能量，消极心态却排斥这些。正是消极心态，掠夺了那些让生命有意义的事物。

3. 关于失败，不要怨天尤人。利用心中那股对于成功的急切渴望，从而走向成功。那应该怎么做呢？牢记那些你想要和不想要的事物。

4. 有时候，那些看起来不幸的事，最后会变成隐藏的机会。

5. 接受无价的礼物——工作的快乐。发挥生命最大的价值，学会爱他人，为他人服务。

6. 将不可能变为可能。亨利·福特对他的工程师说："继续工作！"这句话你也要说给自己听。

7. 莫使自己消极沉沦。当你失败抑郁或者因为其他不利的因素失败时，按照自我激励法行事，以积极心态行事。勇于尝试的人才能获得成功，这样才能不被击垮。

改变世界

当你将积极心态和其他成功法则综合运用在你所在的人生领域或者解决个人问题时,成功之行就开始了。你就走在了正确的轨道上,朝着正确的方向前进,所想所愿想必就会实现。

以下是17条成功法则:

1. 积极的心态;
2. 明确的目标;
3. 加倍地付出;
4. 正确的思考模式;
5. 自律;
6. 大师心智;
7. 信念;
8. 迷人特质;
9. 个人主动性;
10. 激情;
11. 专注力;
12. 团队合作;
13. 从失败中学习;
14. 创意;

15. 合理规划时间和金钱；
16. 保持健康的体魄；
17. 养成好习惯。

这17条成功法则并非作者随意捏造。这些都来源于过去一个世纪来数百个美国成功人士的人生经验。

如果你能在日常生活中运用这17条法则，并将其作为你的职责，那么你就会养成积极心态，并且永久保持这种心态。

我们尚未发现其他的方式可以让你保持积极心态。

从现在开始，勇敢地自我剖析。弄清自己一直运用了哪条法则，忽略掉了哪条法则。

未来，你可以将这17条法则作为测量工具，用于分析你的成功经验和失败教训。相信过了不多久，对于那些阻碍你成功的因素，你都会了如指掌。如果你运用了积极心态却没能成功，原因可能在于你没有综合运用其他必要的法则达成自己既定的目标。

这个世界对你不公平吗？选修积极心态成功学课程的学生，通常认为自己在生活中的某些方面是失败的。当他们进入课堂，老师会问他们：为什么要选修这门课程？为什么没有获得想要的成功？他们的回答则是一个又一个悲惨的故事，这可能就是失败的原因所在。

"我从来都没有出人头地的机会，因为我父亲是一个酒鬼。你明白吗？"

"我在贫民窟长大，有些东西是无法摆脱的。"

"我只接受过文法学校的教育。"

本质上,这些人表达的意思都是"世界待我不公平"。他们把自己的失败归咎于外在环境。他们埋怨自己和所处的环境,并且一开始就怀着消极的心态。这样的心态必然会使他们颓废不堪。显而易见,他们正是因为消极心态才坠入低谷,外界的不利条件只是失败的借口。

接下来是一个精彩的小故事。在一个星期六的早上,牧师正准备布道,但情况有些糟糕,妻子外出购物,外面下着雨,小儿子约翰尼坐立不安,吵得他心烦意乱。于是,牧师拿起了一本旧杂志,一页一页地翻阅着,突然翻到某页看到了一张色彩鲜艳的世界地图。他把那页从杂志上扯了下来,然后撕成碎片,扔在客厅的地板上,说:

"约翰尼,你要是能把这些碎片拼起来,我就给你25美分。"

牧师心想,把这些碎片拼起来肯定会花费约翰尼不少时间,一早上很快就会消磨过去,但是没想到,不到10分钟,约翰尼就敲响了他书房的门。开门一看,只见儿子拿着拼好的地图,纸片整齐地排列着,地图的顺序都正确复位,牧师惊讶极了,没想到儿子完成得这么快这么好。

"儿子,你怎么拼得那么快?"牧师问道。

"哈哈,"约翰尼回答,"其实方法很简单。纸片背面的图片是一个人。我在下面放了一张纸,在上面先把人的图案拼凑好,然后在拼好的图上再放一张纸,翻转一下就成功了。因为我知道,人拼对了,世界地图就拼对了。"

牧师笑了，递给了儿子25美分。"你也让我想通了明天要布道的内容了，"牧师说道，"人对了，世界就对了。"

这个观点蕴含着大智慧。如果你对自己的生活状态不满意，希望改变现状，那么首先要改变自己。如果你走对了，那么你的世界就对了。这就是积极心态的全部意义所在。当你拥有积极的心态时，遇到的所有问题都会迎刃而解。

你可否想过，自己曾经在比赛中获胜，出生之前就是冠军呢？遗传学专家谢菲尔德说："停下来好好地审视一下自己吧。在世界的历史进程中，你是独一无二的；在浩瀚无尽的时间里，你也是独树一帜的。"你的诞生本身就是一项成功。因为在出生之前，你经历了多重艰难险阻，才得以成功地降临到这个世界。试想一下：在那个瞬间，数以亿万计的精子参与了那场激烈的竞争，但其中只有一个精子获胜了，那个获胜的精子最终铸就了现在的你！而且这场竞争意义非凡，因为那个唯一获胜的精子进入了珍贵的卵子中，该卵子内含一个微小的细胞核。每个精子都是小之又小，必须在显微镜下被放大数千倍，才能为人的肉眼所看到。然而，在这个微观的层面上，你的生命正是源于这场极具决定性意义的战斗。

你生来就是冠军，不管前进的道路上多么困难，都不及当初生命开始时你所克服困难程度的十分之一。每个人都有可能成功。以伊文·本·库珀（Irving Ben Cooper）的事迹为例，他是最受人尊敬的裁判之一，但这些成就与他年轻时所渴望的梦想相去甚远。

一个胆小的男孩是如何成功地培养出积极心态的？库珀成

长在密苏里州圣约瑟夫的一个贫民窟里，父亲是个移民来的裁缝，收入甚微。在这里，大多时候人的肚子都是填不饱的。为了维系这个小家庭，库珀过去常常搬着煤桶走到附近的火车轨道旁，捡一些煤球。库珀不得不这样做，这让他很窘迫。他经常绕着后街走，这样学校的同学就不会发现他。

但是，他还是常常被那帮人发现。他们会藏在库珀从火车道回家的路途中，对库珀捉弄和嘲笑一番，然后再把库珀乱揍一顿。他们把煤球扔得到处都是，在街上散落一地，库珀常常流着眼泪回家。久而久之，这些经历或多或少地会给库珀带来恐惧感和自卑感。

当我们冲破失败的桎梏时，一些奇妙的事情就会随之而来。但是成功不会轻易到来，除非你已做好准备。库珀读了一本书，受到了极大的鼓舞，决定采取积极行动。这本书叫《罗伯特·科弗代尔的奋斗史》（*Robert Coverdale's Struggle*），由霍雷肖·阿尔杰（Horatio Alger）所著。在该书中，库珀了解到了这样一个人，他同年幼的自己一样，面对生活的不公，他积极地克服这些不利的因素，这样的勇气和毅力正是库珀所渴求的。

霍雷肖·阿尔杰的所有图书，只要库珀能借阅，他都会一一拜读。在阅读的过程中，他把自己想象成书中的英雄人物。长此以往，库珀围坐在冰冷的厨房里，一整个冬天都在阅读着关于勇气和成功的故事，不知不觉地汲取了很多积极心态的养分。

距离库珀第一次读霍雷肖·阿尔杰的书已经过去几个月

了。他再一次来到那处火车轨道。不远处，他隐约地看见了建筑物后的三个人影。他的第一反应就是掉头跑走，但此刻他想起了书中的英雄人物是多么的无所畏惧，所以他并没有退缩，相反他紧紧地抓住煤桶，径直地往前走，就像是被阿尔杰笔下的英雄附体了一样。

这是一场粗暴的打斗。那三个男孩一直骑在库珀的身上，煤桶被碰掉了。库珀打算反抗，他开始挥动手臂，意外地抓住了那些恶霸。库珀的右手挥向了其中一个男孩的嘴巴和鼻子，另一只手打在了那个男孩的肚子上。让库珀意外的是，那个男孩停了下来，掉头就跑。而此时，另外两个男孩还在不停地对库珀边打边踹。库珀先把一个男孩推到一边，然后把另外一个男孩打倒在地。他用膝盖压在那个男孩的身上，疯了似的一拳一拳地打在男孩的肚子上。最后，还剩下一个男孩，他是这群恶霸的带头人。只见他跳到库珀的身上，库珀成功地挣脱开了他，并且站了起来。片刻间，两个男孩站在那里，面面相觑。

之后，那个带头人一步一步地向后退去，然后也逃之夭夭了。这可能就是正义的愤怒，库珀捡起了大把的煤球，扔向那两个落荒而逃的人。

此时，库珀才发现鼻子流血了，身上也有青一块紫一块的伤痕，这些都是在打斗过程中留下的。但是这一切都值得！那是库珀生命中最美好的一天。因为在那一刻，他克服了恐惧。

库珀并不比一年前强壮，与之打斗的人也不再那么强硬，将他们区别开来的正是心态。库珀面临的不再是恐惧，而是危险本身。他下定决心，再也不能被霸凌者欺负。自此以后，他开始改变自己的世界。当然，这也是他那时切实做的事情。

把自己看作成功的典范可以帮助我们打破自我怀疑的习惯，消除长年累月积攒在我们个性中的消极影响。另一个同等重要的成功秘诀，即激励你朝着正确的方向行进的事物，也可以是一句口号、一张照片抑或其他对你有意义的符号。

你的照片传达什么信号？曾经，一家美国中西部国际公司的总裁正在视察公司所在的旧金山办事处，他在一位名叫多西·琼斯的私人秘书的办公室的墙上发现了一张自己的放大版照片。"多西，这张照片挂在这么小的房间里，会不会显得太大了？"总裁问道。多西回答说："每当我遇到问题时，你知道我是怎么做的吗？"还没等总裁回答，她就开始演示了起来——双手交叉，托腮帮，抬头看这张照片。多西说道："我会想象，如果是老板的话，他会怎么解决这个问题呢？"

多西的做法看起来似乎很可笑，但其本质让人颇为惊讶。在现实生活中，你可能也有这样的一张照片，它要么摆在你的办公室，要么挂在家里，抑或放在钱包里，这张照片或许能解决你生活中的难题。这张照片可能是你的母亲、父亲、妻子、丈夫，可能是本杰明·富兰克林或者亚伯拉罕·林肯，也可能是某位圣人。

当你遇到严重的问题或者须要作重大的决定时，"问问"这张照片，"听一听它的回答"。

另一个秘诀可改变你的世界。这就是明确的目标，是17条成功法则中的其中一项。

明确的目标加上积极的心态,是所有成就的开端。当你以积极的心态明确目标时,你自然而然地会倾向于使用17条法则中的7条:

1. 积极的心态;
2. 正确的思考模式;
3. 自律;
4. 激情;
5. 专注力;
6. 创意;
7. 合理规划时间和金钱。

鲍勃·克里斯托弗(Bob Christopher)就拥有专注力和积极的心态。

现在,让我们来看看这7条法则是如何在这个成功的案例中体现出来的。同大多数小男孩一样,读到儒勒·凡尔纳的惊险刺激、富有想象力的科幻小说《80天环游世界》(Around the World in 80 Days)时,鲍勃彼时的想象力被激活了。鲍勃告诉我们:

"我过去常常做很多白日梦,但是随着年龄的增长,我阅读了两本关于励志心理的书,即《思考致富》和《信念的魔力》(The Magic of Believing)。

"80天可以环游世界,那为什么我不可以花费80美元环游世界呢?我认为只要对事情怀有信念,充满信心,任何目标都会实现,也就是说,从现在的地方出发,行驶到我想到达之地。

"过去,很多人会在货船上工作,为了换取横渡大西洋的船票。这样就可以搭上通往世界的便车,为什么我不可以呢?"

随后,鲍勃从口袋里掏出他的钢笔,在一张便利贴上写了一个清单,这些都是关于他可能会面临的问题。与此同时,他记下了他认为与之对应的有用的答案。

鲍勃买了一台专业相机,在那个年代算是相当不错的相机,这样他就能当专业的摄影师了。他作出决定后,就开始行动了:

1. 与查尔斯·辉瑞的公司签订合约,帮助该公司收集所去国家的土壤样本。
2. 拿到国际驾照和系列地图,获取有价值的关于中东地区道路状况的信息。
3. 收集各种旅行攻略知识。
4. 从纽约市警察局开具无犯罪记录证明。
5. 注册成为青年旅行社的会员。
6. 联系一家货运航空公司,能够允许他搭乘飞越大西洋的航班,而他可以为航空公司拍摄广告宣传照片。

预定计划完成后,这位26岁的年轻人搭乘飞机离开了纽约,口袋里只揣了80美元。花费80美元环游世界是其明确的主要目标。下面是他的一些旅行经历。

在纽芬兰的甘德餐厅吃过早餐。究竟是如何付钱的呢？他在厨房里为厨师们拍照，他们高兴坏了。

他在爱尔兰买了4条香烟，一共花费了4.8美元。在那个时候，香烟和金钱一样重要，可以作为交换的媒介在不同国家流通。

搭车从巴黎到维也纳。给驾驶员一条香烟作为回报。

搭乘从维也纳到瑞士的列车，给列车员4包香烟。

乘坐巴士前往大马士革。鲍勃给一名叙利亚公交车司机拍照，照片令这位公交车司机非常自豪，于是这位公交车司机免费带上鲍勃。

他给伊拉克快递运输公司的总经理等工作人员拍照。这让他得以从巴格达乘车到德黑兰。

在泰国曼谷，一家精致餐厅的老板像贵宾似的招待了他。原因是鲍勃给了他想要特定区域的地图册。

作为"浪花"号商船的工作人员，他从日本坐船到旧金山。

他用80美元环游了世界。

与此同时，因为他拥有明确的目标，加上积极的心态，所以他的能量不由自主地被激发出来，所以他得以运用17条法则中的其他法则实现了特定的目标。

让我们重复一遍——明确的目标加上积极的心态，是所有成就的开端。请记住这句话，然后扪心自问：我的目标是什么？我真正想要什么？

通过对那些选修积极心态成功学课程的人的研究，我们可以估算出，每100人当中约有98人对自己的现状不满意，对自己向往的生活也没有明晰的规划。

好好想一想吧！有些人整日漫无目的，虚度光阴，不满现状，纠结于诸多生活琐事，却没有明晰的人生目标。此刻，你能说出你的人生目标吗？或许，制定目标并非易事。因为在这个过程中，自我审视，会让你很痛苦。但是，不管代价多大，努力都是值得的，因为只要你能对你的目标有清晰的定位，就能享受到回报，而这些回报几乎可以自然而然地得到。

1. 第一个优势在于，你的潜意识开始遵守一条普遍法则：心之所想，心之所向，凡事皆可成真。原因在于你设想了预定目的，你的潜意识就会受到这种思想的自我暗示。这可以帮助你实现目标。

2. 因为你知道自己想要什么，所以你自然倾向于走上正确的轨道，朝着正确的方向前进，并付诸行动。

3. 此刻，工作变得充满乐趣。你乐此不疲地为此付出。你合理地安排时间和规划金钱，不断地学习，持续地思考和制订计划。你对自我目标思考得越多，你就越有激情。在这种激情的驱使下，你的愿望会像燃烧的火焰般强烈。

4. 日常生活中，一旦机会来临，你就能敏锐地觉察到，这会助你实现所愿所想。因为你知道自己想要什么，所以你更有可能抓住这些机会。

以上4点在一个男人的早期经历中都展现了出来，这个男人后来成了《家庭主妇》的编辑。他就是爱德华·波克

（Edward Bok）。他随父母从荷兰移民来到美国，彼时的他还是一个小男孩。一天，他突然有一个想法，即创办一家杂志社。因为心怀这样的目标和追求，所以他能够抓住每一个微小的机会，而这些机会会被我们大多数人忽视。

他看到一个男人打开一包香烟，从里面取出一张纸，然后将这张纸放在地上。波克弯下腰捡起那张纸，上面是一位著名女演员的图片。波克把纸片翻过来一看，发现其背面竟是空白。

波克认为机会来了。他想，如果纸片空白的一面设计成专门用于对应图片人物的简短介绍，那么香烟包装里图片的价值将会大大提高。他来到印刷公司，向其经理解释了他的想法。经理立马说："如果你能够写出100篇每篇100字的著名人物的介绍，那我每篇给你10美元。别忘了给我一份人物清单，把他们分好组，你应该知道如何分类，如总统、将领、演员、有名的作家等。"

这就是爱德华·波克第一次完成文学工作的经历。因为对于书写人物简短传记的需求很大，波克需要他人的帮助，所以他找到了他的兄弟，他愿意支付每篇传记5美元的报酬。不久之后，波克手下有5名记者忙着为这个印刷公司制作人物传记，而波克自己则是编辑！

我们所谈论的那些人都不是轻而易举就成功的。甚至一开始，这个世界对爱德华·波克并不友好，他却能从不起眼的角色开始，最终左右逢源。他发挥了自己的潜力，竭尽所能。

每个人身上都有很多才能来应对自身的特殊状况。值得关注的一点是：生活不会让我们无路可走。如果生活中出现了问题，那么就解决问题。当然，随着我们解决了问题，个人的能力大小也会随之变化。即使你健康状况不好，你仍能过上有意义的幸福生活。

可能你会惧怕健康状况不佳，认为这是个难以克服的障碍。如果你真的这样想，那么就从米洛·C.琼斯（Milo C. Jones）的经历中重拾勇气吧。过去，米洛身体状况良好时，从未试着谋求财富。后来，他生病了。生病之后，他面对诸多不利的状况。

下面就是他的经历。

过去，米洛·C.琼斯身体健康时，他工作非常努力。他是个农民，在威斯康星州阿特金森堡附近经营着一家小农场。但不知道怎么回事，这份工作的收入只能勉强支撑他自己和家庭的开支，这种情况持续了一年又一年，直到突然发生这件事！

琼斯严重瘫痪了，只能躺卧在床上，成了一个晚年完全丧失自理能力的男人。他几乎无法移动自己的身体，亲人觉得他余生都会郁郁寡欢，但他后来居然有了不小的成就，而且这种成就和经济上的成功给他带来了某种程度的喜悦。

是什么让琼斯发生这种变化的呢？他的心智。没错，他的身体虽然瘫痪了，但他的思想并未受到影响，他还可以思考，而且他一直在思考和制订计划。有一天，当他在思考和制订计划时，他突然认识到决定未来的不是身体而是思想。当时，他就下定了决心！

积极心态吸引财富。米洛·C.琼斯选择了积极心态。他选择积极乐观地活着，从那一刻开始把自己的创造性思维变为现实。他想变成一个有用之人，支撑他的家庭而不是将其拖垮，但是，怎么样才能将劣势转为优势呢？这个对他至关重要的难题并没有将他难住。相反，他找到了答案。

首先，琼斯回忆了他的那些幸福时光。他发现很多让他心存感激的东西，这种感激指引着他寻找未来可能拥有的幸福。并且，在众多追寻中，他一直试图成为一个有用的人，最终他找到了实现其目标的方法。那就是制订一个计划，然后付诸行动。

因此，琼斯开始了思想行动。

"我不再能够用双手工作了，"他说，"所以我决定进行思想工作。如果你们愿意，每个人都可以代替我的手、脚工作。我们先在每个可耕种的农场里种上玉米，然后养一些猪，用我们种的玉米喂养这些猪。然后在猪幼小且脾气温顺时，将它们宰杀，用其肉制成香肠。最后成立一个香肠品牌，我们把这些香肠包装好进行销售，可以在全美国的零售商店售卖。"他笑着说：

"这些香肠肯定会大卖！"

果然十分畅销！几年后，"琼斯牌香肠"成了家喻户晓的品牌。这几个字像一个标志，能让全美国的男人、女人和孩子食欲大增。

米洛·C.琼斯成了百万富翁。正是他的积极心态让他成就斐然。他将那个牌子翻到了刻着积极心态的那面，因此纵使他身体残疾，依旧快乐。

因为自己变成了有用之人，他高兴极了。

幸运的是，并非所有人都会面临这么大的考验，但每个人肯定都会遇到问题。面对各自的问题，每个人的应对方式不同。最有效的应对策略就是心怀信念，这个信念以不同的形式存在，可以蕴含在口号、宣言、寓言故事中。我们将这种形式称为自我激励。

那么，助你改变世界的法则是什么？让我们时刻牢记，加以理解，不断重复这个法则——心之所想，心之所向，凡事皆可成真。这是一种自我暗示，是成功的自我激励。当这种法则变成你生命的一部分时，你就会志存高远。

威廉·丹福思（William Danforth）是一个病恹恹的农场男孩，来自美国密苏里州的东南部。一个文法学校的老师鼓励年幼的威廉·丹福思去改变他的世界。这位老师对他说："你敢试试吗？我相信你可以成为学校里最健康的男孩！""你敢试试吗？"这句话成了威廉·丹福思人生中的励志话语。

他真的成了学校里最健康的男孩。他活到85岁才去世，去世之前，他帮助了成千上万的年轻人锻炼健康的体魄，还教给了他们更多的东西——志存高远，勇于尝试，行事谦恭。他漫长的职业生涯从未因为生病而受到影响。

"你敢试试吗？"这句激励语促使他建立了美国最大的公司之一——普瑞纳公司。"你敢试试吗？"这句话激励他进行创造性思考并将负债转化为资产；"你敢试试吗？"这句话促使他建立了美国青年基金会，其目的是培养年轻人，让他们为自己的生活做好承担责任的准备。

"你敢试试吗？"这句话激励着威廉·丹福思写了一本书，名为《你敢试试吗？》(*I Dare You?*)。现如今，这本书正在激励着少男少女们和成年人去勇敢地改造这个世界，让这个世界变得更美好。

你是否曾试图将个人的失败归咎于这个世界？如果是这样，停止抱怨，重新好好地想一想吧。究竟是这个世界的问题，还是你的问题。你能学会17条成功法则吗？你能充分地应用这些法则，确保它们能高效地为你服务，就像这些法则在数百人身上生效一样？

也许你不知道该怎么做，也许你须要学会更准确地思考，遵循指导思想2的引导，然后再翻到下文。下文的目的是帮助你清除心灵的蛛网。

指导思想回顾2

1. 你可以改变你的世界！要想在生活中获得任何有价值的东西，请怀着积极心态。

2. 牢固地记住这17条成功法则。

3. 你习惯于抱怨这个世界吗？如果你这样做了，请记住这句激励语：人对了，世界就对了。

4. 你生来就是冠军。出于现实的目的，你已经从过去的大量资源中继承了实现目标所需的所有潜在能力和力量。

5. 将自己看作成功的典范。

6. 你的照片想要向你诉说什么？听一听答案。

7. 明确的目标加上积极的心态，是所有成就的开端。你有没有选择制定一些具体的目标？

8. 当你决定了明确的目标时，你就会不由自主地倾向于使用其他成功法则。

9. 每个人都有众多才能。你发展了哪些特殊的才能？

10. 这是一个帮助许多人改变世界的法则：心之所想，心之所向，凡事皆可成真。你记得这个法则吗？

清除心灵的蛛网

但是你在想什么呢?你的思考过程有条理性吗?你的思路清晰吗?

你能摒弃思想杂念吗?

几乎每个人都会被心灵中的蛛网扰乱,甚至那些杰出的人士也不例外。影响思维的消极因素包括:感觉、冲动、习惯、迷信、偏见。这些会搅乱我们的心灵。

有时候,我们养成了不良的习惯,想将其纠正过来,但是很多时候,在这种心理的强烈驱使下,我们更容易做错事情。我们就像昆虫一样掉进蜘蛛网,为了恢复自由之身使劲挣脱。我们的意识会与想象力和潜意识发生冲突。结果就是,我们越想要挣脱,被蛛网捆绑得越紧。

有些人会选择放弃挣脱,经历炼狱般的心理煎熬。而有些人就会学着运用潜意识的力量,这些人往往就是成功者。

昆虫可能会陷进蜘蛛网,并且一旦陷进去,就很难恢复自由,但是,每个人对一件事都有绝对的控制权,那就是你的心态。我们可以避免陷入心灵蛛网,而且还可以清除它。蛛网一出现,我们就能把它清扫出去。即使陷进了心灵蛛网,我们也可以恢复自由,保持自由的状态。

要做到这一点,就必须有正确的思考和积极的心态。正确的思考正是本书揭示的17条成功法则之一。

要做到正确地思考，你必须得学会推理。推理或者正确思考的能力叫作逻辑思维能力，而培养逻辑思维能力最好是在相关的图书中学习。一本是爱德温·克拉克（Edwin Leavitt Clarke）的《直线思维的艺术》（*The Art of Straight Thinking*），另一本是欧文·柯匹（Irving Copi）的《逻辑学入门》（*Introduction to Logic*）。这些书对你会有很大的帮助。

行事不能仅靠逻辑推理。我们思维的蛛网之一就是：在现实生活中，我们常常仅靠逻辑推理行事。当我们进行逻辑推理时，就会自然而然地下结论，这个结论正切合我们潜意识里的意志。并且，每个人都有这种倾向性，甚至是那些杰出的思考者和哲学家。

公元前31年，一位希腊哲学家住在爱琴海之滨，想去迦太基。他教授逻辑思维学科。到底要不要出行？他把各种因素在脑海中反复思考权衡。虽然支持此行的原因很多，但是他发现不支持此行的原因更多。比如，他很可能会晕船；船这么小，一旦狂风暴雨袭来，可能会危及他的性命；海盗们的船行驶很快，一直在的黎波里的海岸边等待过往的商船，他们一旦占领了商船，就会掠夺一切值钱的东西，然后还会将船上的人卖为奴隶。这些原因都在告诉这位哲学家不要去。

但是他最后还是去了迦太基。为什么呢？因为他想去。

之所以会这样，是因为在日常生活中，常常出现情感需求和理性思维之间的平衡。情感和理性两者中的任何一个都不会总是拥有绝对控制权。有时候，随性做自己想做的事，不要让你的理性左右你的行为是有益的。就拿这位哲学家来说，因为他的随性，他有了一次非常愉快的旅行，并且安全地回到了家。

让我们再来看看苏格拉底（公元前470—前399年）。他是雅典杰出的哲学家，也是人类历史上最伟大的思想家之一。虽然这位伟人满腹智慧，但是也有思想上的缺点。

当时，年轻的苏格拉底爱上了一个美丽的姑娘珊蒂佩。虽然苏格拉底长得不帅，但是他能言善辩。一般来说，口才很好的人都能得到他们想要的东西。果不其然，苏格拉底成功地劝说珊蒂佩嫁给了他。

他们的蜜月结束后，家庭的事情就没那么顺利了。妻子开始挑他的毛病，当然他也发现了妻子的缺点。他行事总是以自我为中心，是个自私的人，而妻子经常唠叨个不停。他说过："与他人和谐相处是我的人生目标。之所以我选择珊蒂佩作为我的妻子，是因为如果我能与她相处融洽，那我就可以与任何人友好相处。"

这就是他说过的话，但他显然言行不一。为什么与他友好相处的人寥寥无几？这是因为当你总是急着证明他人的错误时，你就在拒绝交往的机会，就像苏格拉底一样。

另外他还说过，之所以他能够忍受妻子的喋喋不休，是因为他的自律。但是，如果他能够拿出当时劝服妻子嫁给他的同样态度，对妻子关怀备至，经常表达爱意，来打动和影响妻子，那就真正地做到了自律。可是，他眼中没有希望之光，有且仅有的是妻子的缺点。婚后，他们就像很多夫妻一样，缺乏沟通，疏于表达对彼此的真正感受、爱和包容，也忽视了保持自我的个人魅力和良好状态，因而错失了一段良缘佳话。所以，这种疏漏也是心灵的蛛网之一。

显然，苏格拉底没有读过本书，珊蒂佩也没有。珊蒂佩读了此书的话，就会明白该怎么鼓励丈夫，那么他们的家庭生活就更幸福一些。她本可以看到希望，而不是只盯着苏格拉底的缺点；她本应该可以控制自己行为，觉察到丈夫的反应。

苏格拉底的故事说明了他只看到了妻子的不足。让我们来了解一下另外一个年轻人的故事。这个年轻人学会了看到自己的优点。但是在讲这个故事之前，让我们看看唠叨的习惯是如何形成的。

我们都知道，只有了解了问题的起因，才能加以克服，避免犯错。一旦这个问题再次出现，你就能找到解决此问题的方法。

早川一会（S.I. Hayakawa）在《思想和行动中的语言》（*Language in Thought and Action*）中写道：

> 妻子为了纠正（她所认为的）丈夫的错误，可能会埋怨他。丈夫的错误变得更严重的时候，妻子越发唠叨。自然而然，丈夫的问题反倒更糟，而妻子更加喋喋不休。由于对丈夫的问题有一种固定的反应，妻子只能用一种方式应付。最终两人精神崩溃，婚姻破裂，生活支离破碎。

在上积极心态成功学课的第一个晚上，有个学生被问道：

"你为什么选修这门课程呢?"

"因为我的妻子!"他回答道。许多学生都笑了,但只有导师没有笑。他从以往的经验中可以知道,当丈夫或妻子只看到对方的缺点而不是自身的不足时,这就是一个不幸的家庭。

四个星期后,在一次私下的聚会中,导师问学生:"你的问题解决了吗?"

"解决了!"

"好极了!你是如何办到的?"

"我学会了。当与他人产生误解时,我首先得从自己做起消除误会。当我审视自己的心态时,发现那是消极的。真正的问题并不是妻子的问题,而是我的问题。在解决问题的过程中,我发现其实我和妻子之间没有问题。"

让我们想想看,苏格拉底如果能说出"我与妻子相互产生误解时,得先从自己做起消除误会",结局会怎样呢?如果你能说出"当与他人产生误解时,我首先得从自己做起消除误会",事情会如何发展呢?你的生活会不会更幸福一点?

除此之外,还有其他的心灵蛛网会干扰你获得幸福。说来也怪,其中最大的障碍居然是表达思想所用的工具——语言。正如早川在其书中所述,语言是一种符号。你会发现,仅仅一个词语构成的符号就可以将众多观点、概念和经验融为一体表达出来。如果你接着往下阅读本书,你就会明白,潜意识会通过这些符号瞬间传达到有意识的头脑中。

一句话,就能激励他人行动起来,当你对他人说"你可以做到",这就是我的建议;当你对自己说"我可以"时,这句励志语就激励了自己。更多关于这些普遍的真理,接下来的文章会细细道来。首先,让我们了解一下语言的形成和语言进行观念交流时形成的科学——语义学,以及这门学科所带来的重大成就。

早川是这一领域的专家。他告诉我们,了解他人说话的真正含义,或者你说话的含义。这在正确的思考过程中至关重要。

但是该怎样做呢?

让我们具体一点来谈谈。首先,你得来场头脑风暴,这样就会消除很多误会。

9岁男孩的叔叔来家中探望男孩的父母,一天晚上,男孩的父亲回到家,展开了下面的对话。

"你怎么看待一个说谎的孩子?"

"我没想过太多,但我知道,我的儿子很诚实。"

"他今天说谎了。"

"儿子,你跟叔叔说谎了吗?"

"爸爸,我没有说谎。"

"让我们把这件事理清楚。你的叔叔说你说谎了,你却说没有。究竟发生了什么事?"他转向叔叔问道。

"事情是这样的,我让他把他的玩具拿到地下室。他没有照做,却告诉我拿过去了。"

"儿子,你把玩具拿到了地下室吗?"

"是的,父亲。"

"儿子,这个问题你该怎么解释?你的叔叔说你没有把玩具拿到地下室,而你却说拿过去了。"

"从一楼到地下室有很多台阶……大约每四个台阶旁就有一扇窗户……我把玩具放在窗台上了……地板和天花板之间的区域都属于地下室的范围……我的玩具在地下室啊!"

叔侄争论是因为他们对"地下室"这个词的定义不同。这个男孩可能一早就明白叔叔的意思,但是他想偷懒,不愿意多走几步台阶把玩具放到地下室,面临审问时,小男孩为了自保,用他的逻辑思维证明了自己行为的合理性。

当你假设的前提是错误的时候,固有的思维模式就会干扰你,让你得出错误的结论。

克莱门特·斯通做了一个有趣的实验,他是这样描述的:

小时候,我喜欢吃牛蛙腿。有一天,我在一家餐馆吃饭,上了一盘大牛蛙腿,但是不合我的口味。自那以后,我就认定自己不喜欢大牛蛙腿。

几年后,我在肯塔基州路易斯维尔的一家优质餐厅吃饭,在菜单上看到了牛蛙腿这道菜。我就与服务员聊了起来:

"这些是小牛蛙腿吗?"

"是的,先生!"

"你确定吗?我不太喜欢吃那些大牛蛙腿。"

"是的,先生!"

"要是小牛蛙腿,那就没问题。"

"好的,先生!"

当服务员端来这盘菜时,我看到的是大牛蛙腿。我生气极了，说道："这些不是小牛蛙腿！"

"先生，这是我们能找到的最小的牛蛙腿了。"服务员回答。

虽然有些不愉快，我还是吃了那盘牛蛙腿。结果发现，味道好极了，要是这些牛蛙腿更大点就好了。

在此，他学会了有逻辑地思考。

后来分析这个问题时，他意识到，原来关于大牛蛙腿还是小牛蛙腿的口味的问题，他的前提预设是错误的。两者味道的差别不在于牛蛙腿的大小，而是因为在第一次吃大牛蛙腿时的食材不新鲜，他就认定是大牛蛙腿的口味不佳，而忽略了问题的本质却是食材不新鲜。

现在我们知道了，错误的前提会形成固化的思维模式，从而影响我们的判断。这样说来，很多人会判断失误，是因为他们受到太绝对化词语的影响，作出了错误的预设。

这些绝对化的单词或短语是：永远、只有、绝不、没有、每个人、没有人、不行、不可能。这些都是常见的错误假设的措辞。当你用这些措辞作为问题前提条件时，结果不言而喻，逻辑推理出的结论就是错的。

正直是不容违背的做人标准，是所有成功的基石，是积极心态不可缺少的一部分。

通过本书，你会了解到很多关于积极心态助你成功的案例。在每个案例中，你会发现这些人的成功都离不开那不可违背的做人标准——正直。李·布拉克斯顿（Lee Braxton）就是这样的一个人。

李·布拉克斯顿来自北卡罗来纳州的怀特维尔,他的父亲是一位吃苦耐劳的铁匠。李的家里有12个孩子,他排行第10。布拉克斯顿先生说:"你大概可以想象得出来,小时候的我习惯了贫穷。我通过刻苦努力地学习,顺利地读完了六年级。在此过程中,我刷过鞋,送过货,卖过报纸,在袜厂干过活,洗过汽车,当过修理工的帮手。"

当他成为修理工时,李觉得自己已经上了一个台阶。婚后,与妻子一路走来,他已经习惯了贫穷。当时,他的收入甚微,仅能勉强维持家庭开支,似乎不太可能冲破根深蒂固的贫穷桎梏。后来,他过得非常艰难,工作也丢了,入不敷出,简直糟糕至极。更难过的是,因为无法偿还贷款,他的房子要被抵押。看起来,他已经走投无路了。

但李是一个有骨气的人,他从朋友那里看到了一本书,名为《思考致富》。这个朋友也是在经济大萧条时期丢了工作,失去了家,但是读完这本书之后,他受到了很大的鼓舞,正在重新获得财富。

所以,李一次又一次地阅读这本书,寻求经济上的成功。他对自己说:"看来,我必须得做一些事情了。书是不会代替我去做的。我要做的第一件事就是,相对于自身的能力和到来的机会,我要保持良好的心态。当然,我必须得有个明确的目标,这样做的时候,我必须确保现在制定的目标要比以前的高。无论如何,我必须开始行动起来,就从我能找到的第一份工作开始。"

他去找工作了，而且成功地找到了，但是一开始薪水并不高。

没过几年，李·布拉克斯顿就创办了怀特维尔地区的第一家银行，并担任总裁，还被选为了该市的市长，事业做得风生水起。你看，李的目标很远大，事实上可以说非常的高。他的主要目标其实是：50岁退休之前，把钱赚足。事实上，他提前6年实现了这一目标，在他44岁的时候，他就拥有巨额财富保证退休后的生活。现在的李·布拉克斯顿过着充实而有意义的生活，他在竭尽所能地帮助奥兰·罗伯茨（Oral Roberts）。

其实，他的工作和所做的投资能够帮助他从失败走向成功，却并不是核心所在。因为重要的是，在不违反正直的前提下，需求加上积极心态能让人行动起来。因为有所需求，诚实的人不会做出蒙骗、欺诈和偷盗的行为，因为诚实是积极心态内在的一部分。

与上面讲到的人形成鲜明对比的是那些具有消极心态的人。他们偷窃、贪污或者犯了其他罪行。当你询问他们一开始偷东西的原因时，得到的回答都是千篇一律的——"我不得不这样做"。这可能就是他们身陷囹圄的原因。他们接受自己的不诚实，因为固有的思维模式告诉他们，要满足自己的欲望，不得不靠欺骗的方式。

几年前，在亚特兰大联邦监狱的图书馆任顾问时，拿破仑·希尔与艾尔·卡彭（当时的黑社会头目）有过几次谈话。其中有一段对话是这样的，希尔问道："你刚开始是怎么走上这条道的？"

卡彭用一个词回答："欲望。"

然后，他哽咽着流下了眼泪。他讲述了之前做过的好事，这些报纸上都没有刊登出来。他知道，这些善事与他犯下的罪行相比是微不足道的。

那些不幸的人打破了他内心的平静，加上疾病的侵蚀，致使他人生道路上遍布着恐惧和灾难，之所以会这样是因为他不知道如何清扫欲望驱使下心灵的灰尘。

有的人真心地知错能改，但卡彭不是这样的人。

但是有这样一个人。他是一个十几岁的问题儿童。他的母亲从未对他失去希望。无论儿子的行为多么无礼，做了多少错事，母亲都坚定信念。

他后来也受过良好的教育，满腹智慧，充满激情，却沉溺于享乐。凡事他都以成为第一名为傲，即便是做坏事。他不服从父母和老师的管教，善于欺骗他人，小偷小摸，在赌场上出老千，沉溺于酒色的诱惑。

幸好母亲一直在努力，帮助他改邪归正。在跌入道德的深渊之前，他艰难地找到了自我。有时候，他会感到羞愧，因为那些教育水平低下的人都能抵挡住那些诱惑，而自己却无法抵抗。不过好在他受过教育，一直在不停地自我探索，后来还阅读了一些励志图书。

即便如此，他在很多次与自己内心的较量中都输了。然而有一天，他居然成功了，整个势头扭转过来了，这就是不断尝试的结果。在悔恨度日的时期，他克服了自责感，然后无意之间，有一个声音在告诉他："拿起书，读吧！"

凡事皆是如此。在与自我的较量经历一系列惨败后，可能在某一时刻突然就准备好了。他的愧疚发自真心，所以使得他马上行动了起来，通过坚持不懈地尝试，终会旗开得胜。

现在，这个年轻人准备好了！

一旦作出了不可更改的决定，他的内心就会获得安宁。他日后的生活证实了这个结果。

正是因为他过去的所作所为以及如今的改变，人们认为他是一个内心强大、具有影响力的人物，甚至能为无望之人带来希望。

大多数人能做到知错能改，回头是岸；还会像他一样，为人民服务。

但是，当今也有一些优秀人物，其思维中的固有模式在任何时候任何地点都会妨碍其吸取思想的精华。

许多励志图书鼓励读者学会引导思想，控制情感，改变人生。

《积极思考的力量》(*The Power of Positive Thinking*) 就说明了这一点，这本书是非小说类的畅销书。诺曼·文森特·皮尔 (Norman Vincent Peale) 致力于激励读者，让他们成为更好的自己。

本书已经指出了人们的一些心灵蛛网，其种类如下：

1. 影响思维的消极因素：感觉、情绪、冲动、习惯、迷信和偏见。

2. 只看到他人的缺点。

3.因为语义不清而引发的争论和误解。
4.错误的前提造成错误的结论。
5.以绝对化的限制性词作为基本前提。
6.肮脏的思想和不良的习惯。

由此可见，心灵蛛网种类多样，或大或小，或强或弱。如果你制作一张表格，仔细地观察它们之间的关联，你就会发现这些蛛网大多为消极心态所缠绕。

如果你略加思考，就会发现其实最大的心灵蛛网是惯性思维。惯性思维让你无大作为；如果你走错了方向，惯性思维会使你放弃挣扎，于是你就会在这条路上一错到底。

无知是惯性的结果。对于那些对事实或技能一无所知的人来说，有些事是合乎逻辑的，但对于了解这些的人来说就是毫无逻辑的。如果你不打开自己的心扉，不去了解真相，就去作决定，那就是无知的表现。另外，消极心态会加重你的无知。想办法消除无知吧！

你敢于清除扰乱你心灵的蛛网吗？如果你的回答是"是"，那么在阅读接下来的文章前，就让本文的"指导思想回顾3"来给你启示吧。你要以开放的心态来学习，积极地探索思想的力量。当你这样做的时候，你的探索之旅就会有重大的发现，但是，有且只有你自己能完成这场心灵探索之旅。

指导思想回顾 3

1. 所想即所是。好好审视一下自我。你是个好人吗？如果你的回答是"是"，你就拥有良好的心智。你心智健康吗？如果你的心智是健康的，那你的思想富有吗？如果你的思想是富有的，你有邪恶的念想吗？如果你有邪恶的念想，你有心理疾病吗？是思想的贫瘠让你如此贫穷吗？如果回答"是"，你的思想就是贫瘠的。

2. 影响思维的因素：感觉、愤怒、偏见、迷信、习惯。将消极心态变为积极心态，清除你的这些心灵蛛网。

3. 作决定时，要适当地保持理性和感性的平衡。

4. 当你与他人产生误解时，必须先从自己开始消除误会。

5. 一句话就可以引起争论，产生误解，带来不快乐甚至痛苦的结局。一句带有积极情绪的话语，相比于带着消极情绪的话，往往会带来积极的影响。一句话能引发和平或战争，隐含是与否、爱与恨和诚实与欺骗。

6. 让我们来场头脑风暴吧。

7. 从吃牛蛙腿中学会逻辑性。当你通过假设推理时，请确保前提的正确性。

8. 绝对的限制性词语：永远、只有、绝不、没有、每个人、没有人、不行、不可能。在推理中，不要用这些词作为前提条件。

9. 需求是如何激励你成功的？为什么需求会招致欺骗和犯罪呢？

10. 不要对十几岁的问题少年放弃希望。虽然他可能不会成为一个圣人,但相信总有一天,他可能会让你我他的世界变得更美好。

11. 学会分辨"理想"与"现实",把重要和次要的事实区分开来。

敢于探索精神的力量

决定未来的不是身体，而是思想。

决定未来的是你的思想，因此你拥有两股神秘的能量，即已知的和未知的能量。你要敢于探索精神的力量！那么为什么要探索呢？

当你完成了这些探索之后，你就会：（1）享受身心的健康、幸福的人生和无尽的财富；（2）在你选择的领域获得成功；（3）对于已知或未知的力量，能够找到合理的方式，加以影响、利用、控制，并使自身与之相协调。

并且，你要敢于探索存在于已知世界之外的精神力量，达到学以致用的目的。对你而言，这不是难事，难度不会比你第一次尝试打开电视机时多出很多。

因为小孩子都知道怎么将电视节目调到他们喜欢的频道。他们按下遥控器的时候，其实并不知道广播电台的构造和电视信号接收装置，更不会明白所涉及的科学技术，但这并不妨碍他们，因为他们只须知道打开电视机的开关键，在遥控器上按下正确的按钮就可以了。

在本文中，你会明白"如何拧开开关键，按下正确的按钮"，让这台"高能效电子设备"充分为我所用。这台"设备"是怎么制作而成的呢？它是由几十万亿个细胞组成的。当然，它有很多零部件，而且每一个都有自身的一套组织体系。

那就是你的身体。即使你肢体残缺，你依然是你自己，此刻如此，未来依旧。

通过神经系统，你的身体得以控制，你的思维得以运转。

并且，你的思维犹如机器，也是分区划块的。一个区域是意识，另一个区域则是潜意识，两者相互配合，协同作用。对于思维中的意识区域，科学家的研究已经有了很多的发现。然而，对于潜意识的研究历史还很短。虽然原始社会的人类就开始有意地使用潜意识的神秘力量，甚至今天澳大利亚的土著人和其他的原始部落依旧在很大程度上运用潜意识的力量，但是对于潜意识本身，科学家依然知之甚少。

让我们现在就开始研究吧！

让我们先跟随来自澳大利亚悉尼的比尔·麦考尔（Bill McCall），来看看他是如何从失败走向成功的。

19岁的时候，比尔就开始自己做皮毛生意，但是以失败告终。21岁的时候，他竞选联邦议员，还是失败了。接二连三的失败并没有打垮他，反而鞭策这个年轻人利用不满激励自己。

比尔·麦考尔想富起来，所以他在励志图书中找了所有能找到的致富秘诀。有一次，比尔正在图书馆寻找励志书，突然被一本名为《思考致富》的书所吸引，他立马借阅了这本书，读了一遍又一遍。但读到第三遍的时候，比尔还是无法准确地理解世界上最富有的人是如何运用这些成功法则获得财富的。

"当时我一边在悉尼的街头上散步，一边进行这本书的第四遍阅读。我在一家肉店的橱窗前停下了脚步，抬头看了一眼，就在这一瞬间，灵感迸发了出来。我大声地喊道：'对了，就是这样！'那一刻，路过的女士吓了一跳，她停了下来，目瞪口呆地打量着我。我带着这个新发现，飞奔回家。

"我至今都记得那个场景，在我年幼的时候，父亲大声地诵读埃米尔·库埃（Emile Coue）的《有意识地自我暗示助你掌控人生》（Self-Mastery Through Conscious Autosuggestion）。"

后来，比尔的父亲转头看向比尔，说道：

"在这本书中，埃米尔·库埃采用的方式是自我暗示法，因为自我暗示可以帮助人们获取财富，满足所需。自我暗示助你变富，这就是我当时重大的发现，这对于我来说是全新的理念。"后来，麦考尔解释了这一法则，看起来他似乎把书中的内容都记了下来。

"有意识地自我暗示是一种控制机制。通过这种控制，人们可以有意地将创造性的思想嵌入其潜意识中。

"倘若你把对金钱的渴望写下来，然后满怀激情、全神贯注地每天大声读两遍，你就会有秒变富豪的代入感，会自然而然地形成一种思维习惯，而这种习惯有助于将你对金钱的渴望转化为真实的财富。

"让我再重复一遍：为了激发出你对金钱的渴望，你要大声地把你的这种渴望读出来，而且读的时候要满怀激情，这一点至关重要。

"你应用自我暗示的能力，在很大程度上，取决于你对既定目标的专注度。你要保持如火般的激情，全身心地投入于既定的目标。

"我气喘吁吁地回到了家,立马坐在餐桌旁,将此刻的想法记录下来,写道:'我的首要目标很明确,到1960年,我要成为百万富翁。'"

他仍旧盯着拿破仑·希尔的那本书,继续说着:"书中你提到过,目标应该具体化,具体到你想要挣到的金钱的数额,实现日期的设定。关于这点,我做到了。"

现在,我们所谈论的再也不是19岁时失败的比尔·麦考尔。现如今,他被称作威廉·麦考尔阁下,是有史以来澳大利亚最年轻的议员,是可口可乐悉尼分公司的董事会主席,还是22家家族企业的董事长。他已是一个百万富翁,就和他当年在书中学习到的那些人一样富有,当时他通过自我暗示,发现了潜意识的力量。最终,他比预期早4年成为百万富翁。

你应该注意到了,我们使用的术语"自我暗示"与埃米尔·库埃所用的"有意识地自我暗示"的意思相似。

麦考尔还记得,他年幼时,父亲在当时的一本书中得到了很大的启发,即不管是谁,受到何种启示,都能高效地加以运用。就像比尔·麦考尔和他的父亲一样,你也可以正确地使用有意识地自我暗示的力量。

现在,埃米尔·库埃学会了有意识地自我暗示,并且敢于探索自己和他人的精神世界。在这个重大发现之前,他利用催眠术为病人治疗疾病。但是自从有了这一发现(事实上是以简单的自然法则为依据),他就不再使用催眠术了。

他是如何发现并认识到这个自然法则的呢?

其实,这一发现源于问答过程,他先提出一些问题,追问自己，之后找到了答案。问答的内容如下：

问题1：是医生的建议，还是患者的心理暗示，达到了治愈的效果？

答案：库埃认为，最终是患者的精神力量有意识或无意识地将这种心理暗示传送到身心，身心继而做出了反应。如果没有无意识或有意识地自我暗示，这些外部的提醒是无效的。

问题2：如果医生的治疗能够帮助患者发现内在的自我暗示，那么为什么患者自己不能取其精华、弃其糟粕，选择积极健康的自我暗示，避开消极有害的自我暗示？

关于第二个问题，他很快就有了答案——任何人，即便是孩子，都可以通过学习，养成积极的心态。方法就是不断地重复这种积极的自我肯定，比如：一天又一天，我在各个方面变得越来越好。

通过阅读本书，你会发现很多自我激励的话语，如果此刻你还不知如何使用自我暗示，那么读完这本书你就清楚了。

每年美国有很多青少年因为偷盗或其他罪行而受到处罚。其实，这些悲剧是可以避免的，如果他们的父母明白如何正确地引导子女，而子女们通过学习知道如何进行正确的自我暗示，这些年轻人就会有意识地暗示自己形成牢固的道德标准，这样一来，他们就知道如何以巧妙的方式消除不恰当的暗示。

当然，在漫长的一生中，每个人无意识地自我暗示的情况都要比有意识地暗示的多。前者大多是出于惯性和潜意识的内在动力。当怀有积极心态的人面对严重的个人问题时，无意识地自我暗示就会快速地从潜意识中出现进入意识层面帮助他，尤其是在紧急情况下——特别是在生命危急之时。澳大利亚昆士兰州图文巴的拉尔夫·韦普纳就是这种情况。他曾是积极心态成功学课程的学员。

故事发生在凌晨，在一家小医院的病床旁，两位护士正在拉尔夫的身边守夜，而前一天的下午，一通病危通知电话把拉尔夫的家属急忙叫到了医院。他们到医院的时候，拉尔夫由于心脏病严重发作处于昏迷状态。

在昏暗的病房里，两个护士焦急地忙碌着，分别抓着拉尔夫的两只胳膊，试图感应他脉搏的跳动。拉尔夫已经昏迷6个小时了，医生已经竭尽所能，尝试了能做的一切治疗方案，但还是无济于事。所以医生离开了病房，赶去抢救另一个同样病危的患者。

昏迷的时候，拉尔夫不能动、不能说话，但能听见护士的声音，能够清楚地思考问题。他听见一个护士慌忙地说着："没有呼吸了！你能感应到他的脉搏吗？"

回答是"不行"。

他反复地听到这种问答："现在有脉搏吗？""没有。"

"我没事，"他想，"我得告诉他们。无论如何，我必须告诉他们。"

与此同时，护士们都误认为他已经死了，这让他觉得很可笑。于是，他就一直在想："我没事，没死，但应该怎么让她们知道呢?"

后来,他想起了之前所学的励志话语——"相信自己,你能做到"。

他试图睁开眼睛,但不管怎么努力,都以失败告终,他的眼皮都不为他的意志所动。他又试着动一动胳膊、腿和头部,但还是没有任何反应。事实上,他什么都感觉不到。他一遍又一遍地想睁开眼睛,终于听到有人说:"我看见他的眼睛眨了一下,他还活着。"

"我没有感觉到恐惧,"拉尔夫说,"甚至还觉得很有趣。因为隔一会儿就有护士叫我,'韦普纳先生,听得到吗?'我总会通过眨动眼皮来回应她们,自己听得到。"这个过程持续了相当长的时间。拉尔夫经过不懈努力,可以睁开一只眼睛,随后两只眼睛都能睁开了。这时,医生再次对他实施救治。凭借医生们精湛的医术和护士们的悉心照料,他终于被抢救了过来。

"相信自己,你就能做到。"正是这句他从积极心态成功学课程中学来的自我暗示,把他从死亡之门拉了回来。

所以,我们读过的那些书,产生过的那些念头,都会影响我们的潜意识。即使为意识所压制,那些看不见的力量也会潜滋暗长,同样对我们产生巨大的影响。

这些看不见的力量来自已知的物质或者未知的因素。在谈论未知原因时,我们先展示一个事例来解释这种共识,其实这在万斯·帕卡德(Vance Packard)所著的书《隐藏的说服者》(*Hidden Persuaders*)出版后,已经为人所知。这个故事在美国的报纸上已经被报道过，后来出现在一本美国知名杂志上。这篇故事讲述了新泽西州的一家电影院做的一项实验，即广告信息在屏幕上快速闪现，观众甚至没有注意到这些广告信息，然后观察广告中产品的销量。

在6个星期的时间内，4万多人来看电影，不知不觉地都成为这个测试的对象。其中，两则商品宣传的广告，经过特殊的处理，在大屏幕上一闪而过，快到难以为人所察觉。6周结束后，其中一种商品的销售额涨幅超过50%，另一种也增长了近20%。

当这个故事刊登在报刊上时，"利用潜意识引导我们的思维习惯，影响思维过程和购买决策"，这一方式让公众颇感震惊。同时，人们也感到很恐惧，害怕被潜移默化地洗脑。然而，让我们惊讶的是，一些怀有消极情绪的人也在使用潜意识暗示帮助他们满足欲望。我们都知道每个事物都是一把双刃剑，关键在于它的使用方法。

既然实验已经达成了目的，那么如果在电影屏幕上闪现如下的励志话语，那么观众就会受益颇多。这一点很容易想象得到。这些励志话语如下：

> 日复一日，你变得愈加优秀！
> 勇敢地面对真相！
> 心之所想，心之所向，凡事皆可成真！
> 每一片失败的土壤都孕育着成功的种子！
> 相信自己，你就能做到！

这些励志话语是一种积极的心理暗示，但实现的前提是必须征得观众的同意。

让我们保持客观的态度，一切从实际出发，带着已有的认识，探索未知的精神世界吧！在这一过程中，如果没有清晰的逻辑思维，易受惯性思维的干扰，那么你就很容易走入精神世界的危险之地。记住，真正的事实才能解开你的迷惑。

如果读完上述内容，你还是无法正确地转动开关，按下按键，让大脑这台机器充分为你所用，那么你就需要鼓起勇气，继续探索精神的力量。"指导思想回顾4"和下文会带领你继续探索！

指导思想回顾4

1. 决定未来的不是你的身体，而是思想。假如你的身体是一台电子化设备，那么大脑就是电子化世界的缔造者。

2. 思想分为两部分：意识和潜意识。两者相互作用。

3. "有意识地暗示"和"自我暗示"意思相近，但又与"自我暗示"（无意识地活动）区别开来。

4. 我在各方面日益精进。如果你能频繁地、快速地和充满激情地加强自我肯定，就会对潜意识形成影响，然后潜意识会反作用于意识。比尔·麦考尔就是利用自我暗示的方法获取了财富。

5. 库埃的重大发现：你可以使用有益且正面的暗示帮助自己，也可以抵制消极的、有害的暗示。

6.学会正确地使用暗示去影响他人。学会有意识地暗示，你就会收获健康的身心、无尽的快乐和巨大的成功。

7.只要你相信自己，你就能做到。

你应当了解更多

你努力地尝试过,却依然失败了吗?

或许你失败过,那是因为你须要领会更多真理才能实现心愿。欧几里得认为,整体大于任何部分。这个看法既可以解释每一项成就,也适用于这些成就。我们将该看法反过来看,即任何部分都小于整体。因此,你须要领会所有重要的部分,才能获得最后的成功,这一点非常重要。

消极心态是失败的最主要原因。你可能觉得没有必要去了解事实、普遍法则和那些已知、未知的能量;你可能对此涉猎甚多,但还是未能使其为你的特定需求所用;你可能还不知道如何对已知和未知的能量施加影响,不知道如何使用、控制和协调这些能量。

如果你怀着积极心态追求成就,你就会不断尝试,不断找寻更多的东西。那些经历过失败就此放弃尝试、停止寻找的人才是真正的失败者。

学习更多的知识,掌握更多的技能,做到这一点很容易!如果给孩童布置一道难题,可能当时他解答不出来,但经过对相关知识的不断学习后,他很快就能解决问题。虽然你不是孩童,但或许你须要解答人生的众多难题。如果你满怀积极的心态,这些难题想必都不在话下。举个例子:一位词曲作家写了一首歌，但是苦于无处发表。乔治·M.柯汉（George M. Cohan）买下了这首歌的版权，并且对这首歌做了微小的调整。正是这些微小的调整为乔治·M.柯汉带来了一大笔财富。其实，他不过加了"嘿，嘿，好哇！"

托马斯·爱迪生成功发明电灯之前，尝试了数千次实验。每一次失败后，他都会继续前进，继续寻找更多的东西，直到最后成功的那一刻。从未知到已知的认识过程，使他制作出了无数个电灯泡。使用那些存在而先前未被发现的法则，为你的具体发明所用，是有必要的。

疾病都存在很多治疗方案和预防措施，但得探索出来。例如，对于如何预防脊髓灰质炎，很多人都不了解，直到乔纳斯·索尔克博士（Dr. Jonas Edward Salk）使用了那些普遍存在但医学界尚未发现的方式，才能对此类严重的疾病加以预防。

你可以运用成功法则赚取100万美元。哪怕亏损了，你还可以再赚100万甚至更多！但前提是你知道该原理，明白如何加以应用。假设你不了解这条助你赢取100万美元的原理，那么你的下一次尝试还会失败，因为你背离了成功的法则。所以，在第二次尝试时，你要做一些调整，扭转局势，但是成功法则依旧不变。

莱特兄弟之所以能够成功试飞，是因为他们为成功"加了很多砝码"！其实在莱特兄弟成功之前，很多发明家已经接近成功。莱特兄弟和他们一样运用了成功法则，但是将他们区别开来的是，莱特兄弟为成功"加了很多料"。他们创建了新的组合装置，所以他们成功了，而其他人没有。他们的做法其实非常简单，就是将精心设计的翼面形可动装置加在机翼边缘上，这样一来飞行员就能操控飞机，保持飞机的平衡。

你会发现所有这些成功故事都有一个共同点。在每个案例中，其秘诀其实都是使用先前未应用的普遍法则，这就是区别所在。所以，如果你站在成功的边缘，无法迈过去，那么就为你的成功加点料吧。这个料不需要太多，"嘿，嘿，好哇！"是那首歌成功的所在。在其他人失败后，增加的翼面形可动装置是成功飞行的关键。这些增加的东西并不需要太多，但一定要少且精。这才是关键所在。

为什么最高法院判定是亚历山大·格雷厄姆·贝尔发明了电话？许多人都声称在贝尔之前发明了电话，其中包括已经申请专利的爱迪生、多尔比尔、麦克多诺、范德维德和莱斯。菲利普·莱斯其实是离成功只有一步之遥的发明者。成败之差仅在于一枚小小的螺丝钉。莱斯不知道如果将这枚螺丝钉再拧四分之一圈，就能把间隔的电流转换为连续电流，做到这一步，就成功了。

关于这个案件，美国最高法院指出：

> 很明显，莱斯知道如何通过电流传递人类的语音，这在他的第一篇论文中有所提及："不管在什么地方，以何种方式，只要能够成功产生这种持续的电流，振动的曲线和输入声音的曲线相同，我们就能听到电话里相同的声音。"

法院又补充道：

莱斯明白如何重设音调,但他没有深入下去。

该案件与莱特兄弟的故事十分相似,贝尔的成功也很简单。法院得出了这样的结论:

> 我们很难判定莱斯的发现启发贝尔作出了预判,所以贝尔成功了。我们只知道,莱斯这样做是错的,贝尔这样做是对的。失败和成功就是各自的结果。如果莱斯坚持下去,可能也会找到成功的出口,但是他退缩了,所以失败了。而贝尔一直坚持研究工作直到成功的那刻,所以贝尔获得了最终的胜利。

R.G. 李·图尔诺(R.G.Le Tourneau)是一位出名的演说家,他乘坐私人飞机到美国各地演说,传递他的思想。有一天晚上,当他从北卡罗来纳州做完演讲乘坐飞机回家时,有趣的事情发生了。

飞行员起飞后不久,图尔诺先生去睡觉了。大约30分钟后,拿破仑·希尔看到他从口袋里拿出了一个笔记本,在里面写了几行字。飞机降落后,拿破仑·希尔问他是否还记得在笔记本上写字。

"当然记得!"图尔诺惊呼道。他立刻从口袋里掏出笔记本,看了一看。他说:"就是这个!这几个月,我一直都在寻找它!这是一个问题的答案,这个问题关乎我们正在研发的机器,我一直在思索。"

所以，当你的灵感忽然迸发之时，请把它们记下来！你应该养成一种习惯——立即写下这些灵感。

克里斯托弗·哥伦布曾学习天文学、几何学和宇宙学。《马可·波罗游记》、地理学家的发现、船员们的经历和传说及从欧洲以外运输回来的艺术品和工艺品，都给了他很大的启示。

多年来，通过归纳法，他坚信世界是一个球体。基于这个结论，通过演绎推理法，他坚定地认为，马可·波罗向东航行可以驶向亚洲大陆，那从西班牙向西航行也可以到达亚洲大陆。他急切地想要证明他的结论。于是，他寻求必要的经济支持、船只和人员来帮助他探索未知事物并找到更多东西。

他开始行动，并且一直坚守目标。在10年的时间里，他获得了很多支持，但是国王失信，官员嘲笑、怀疑和恐惧，那些犹疑不定的人最终放弃了对他的支持。这些挫折都没有打垮哥伦布，他还是坚持己见，不断尝试。

在1492年，他得到了期待已久的帮助。同年8月，他向西航行。

你肯定知道这个故事。哥伦布驶近加勒比海的岛屿后，带着金子、棉花、奇异的武器、神秘的植物、不知名的鸟类和野兽及几个当地人返回西班牙。他认为他已经实现了自己的目标，已到达印度附近的岛屿。结果他失败了，他其实还没有到达亚洲，但是，他没有意识到这一点。他发现了相当多的东西啊！

或许你和哥伦布一样，无法达成你的终极目标或宏伟目标；或许你和他一样，努力过后还是无法深入未知领域。但是你肯定会有所发现——就像哥伦布意外发现美洲大陆一样。和哥伦布一样，你可以激励和指导那些跟随你的人走在正确的方向上，继续探索未知领域，直到实现你预设的有价值的目标；和哥伦布一样，你拥有思考的时间和能力；和哥伦布一样，你可以坚持不懈地用积极的心态实现明确的目标，找到更多的东西。

不要因为像哥伦布一样失败就羞愧不已！

到目前为止，你应该可以识别特定案例中的成功法则了，然后开始思考、消化和利用这些法则吧。海军上将 H.G. 里科弗说过这样的道理：

> 在我们所采访的年轻工程师中，我们发现很少有人接受过工程基础或者成功法则方面的全面培训，但大多数人都记住了大量的事实，这些事实比法则更容易接受和学习。但如果没有对这些法则加以运用的话，那这些事实毫无用处。因为一旦学会了这些法则，它就成为一个人的一部分，永远不会被忘却。你可以将这些法则用于解决新问题，因为不管那些事实随着社会的变迁如何变化，这些法则都不会过时。

学习法则，应用法则。如果在实现目标的过程中，你没有取得很大的进展，那就寻找更多的东西吧！它可能是已知的抑或未知的，但如果你肯花时间学习、思考、计划、寻找，你就会有所得。

如果本文没有探究宇宙惯力这条法则的话，内容就不完整。因为宇宙惯力是17条成功法则之一。

宇宙惯力可以简单地定义为：已知的抑或未知的宇宙法则。

例如，当物体落到地面时，物体应用了重力定律，这一点很容易理解。所以，如果让一个物体从既定的高度落下，你就在使用宇宙惯力。在这个具体的事例中，使用的宇宙惯力就是万有引力定律。

但是万有引力定律或任何其他法则本身并不是一种力量，然而，当你适当地使用这些法则时，你就运用了它们相关的力量。

因此，无论是从身体层面抑或精神层面来说，每一项发明、每一个化学公式、每一种心理现象、每一种行为和反馈都是使用自然法则的结果。有果必有因，结果往往都是使用宇宙惯力实现的。

让我们再重复一遍：决定未来的不是身体，而是思想。你可以学会如何运用宇宙惯力。思想可以将你的想法变为现实。

这个概念并不难理解，因为阿尔伯特·爱因斯坦向世界提出了一个强大的方程式：$E=mc^2$。公式中：E 指的是能量，m 是物质的质量，c 表示光速。该公式解释了能量和物质的关系，物体的质量和光速平方的乘积等于能量，即使处于静态的物质也具有固有的能量。

通过对这个公式加以理解和应用，人们已经能够将物质转化为能量，将能量转化为物质，两者相互转换。人们能将原子能用于建设性的用途，例如照亮整个城市，为船舶提供动力，为日常生活供热等。

我们现在可以看到更多的东西，因为物质和能量可以相互转化，宇宙中的一切都是息息相关的。

你有疑问？那很好！下文，你会学到如何将所学的法则运用到自己的生活中去。

指导思想回顾 5

1. 你还须要学习更多东西。本文中所提到的重要法则对你意味着什么？该如何加以运用？

2. 如果你努力过后依旧失败，是不是漏掉了哪条成功法则？

3. 整体大于任何部分。你是否遗漏了一些东西，所以未能成功呢？

4. 使用有史以来最简单但最重要的发明——纸和铅笔，在灵感闪现的时候把它们写下来。

5. 头脑风暴与静坐思考有何不同？每个人的价值是什么？

6. 使用这一条成功法则——行事专注。

7. 不要害怕会像克里斯托弗·哥伦布那样失败。

8. 你养成了学习成功的基本法则的习惯了吗，还是仅仅了解了许多事迹？

第二部分　助你成功的 5 个"精神炸弹"

如果你问我该如何激励自己，我再次强调，并列出这些基本动机！首先是自我保护欲，其次是情感——爱、恐惧，再次是渴望——对性、长寿和身心自由的渴望，最后是愤怒、恨、对被认可、自我表达、物质财富的渴望。在这 10 个基本动机中，对物质财富的渴望排在最后。

你遇到问题了？这是好事儿！

你遇到问题了？好事儿！为什么？因为不断战胜难题是迈向成功的阶梯，你的学识、精神高度和经验也会随着难题的解决得到提升。通过积极的心态来克服你所遇到的每一个难题，你就会变得更优秀、更强大、更成功。

停下来想一想，在你的周围或历史上，谁是没有遇到任何难题就取得成功的？

每个人都会遇到难题。因为每个人甚至宇宙中的一切都处在一个不断变化的过程中。变化是不可阻挡的自然规律。对你来说最重要的是，你是否能成功应对变化所带来的挑战，而这取决于你的心态。

你可以控制自己的思想和情绪，从而调整你的心态。你可以决定自己的心态是积极的还是消极的，可以决定是否影响、利用、控制或协调你自身和周围环境的变化，还可以改变你的人生。当你用积极的心态来面对挑战时，你就能用明智的办法来解决每一个难题。

如何用积极的心态来看待问题？积极心态的第一要素就是相信人们总是善良的。如果你相信，那么你就能有效地使用以下方法来解决问题。

当你遇到难题时，先不要想这件事解决起来会有多麻烦。

1. 寻求帮助，找到正确的解决方案。
2. 思考。
3. 描述、分析并定义问题。
4. 激情满满地告诉自己："很好！"
5. 问自己一些具体的问题，比如：

（1）有什么好处？

（2）我怎样才能把这逆境变成能萌发更大利益的种子呢？我怎样才能把债务变成庞大的资产？

6. 继续寻找这些问题的答案，至少要找到一个可行的答案。

从广义上讲，你将面临两种问题：个人问题，包括情感、财务、心理、道德、身体方面的问题；业务或职业问题。个人问题是我们所有人都经历过的最直接的问题，所以我给你讲个相关的故事。有一个人，他遇到了一些人类所能经历的最严重的问题。当你读了这个故事，就会知道如何利用积极的心态来解决每一个难题，并获得成功。

这个人出身贫寒。上小学的时候，他在西雅图海滨的沙龙里卖报纸、擦鞋，帮助母亲赚钱养家。后来在某个夏天，他成了一艘阿拉斯加货船上的一名服务员。17岁高中毕业后，他就离开了家，成了一名流浪汉，和其他流浪汉一起乘坐火车，游遍了美国的每一个角落。

"我最大的错误是和错误的人为伍,我最大的罪过就是和坏人交往。"

查理·沃德进入利文沃斯监狱时34岁。

然后发生了一件事,查理决定变消极心态为积极心态。他用积极心态来迎接挑战。他内心有个声音告诉他,不要再怀有敌意,从那一刻起,他生命的全部浪潮开始朝着对他最有利的方向流动。通过思想的简单转变,查理·沃德开始控制自己。

他改变了自己好斗的性格,不再憎恨判决他的法官。

他认认真真审视了过去的自己,下定决心,将来不再做坏事。他找寻一切办法,使自己在狱中的生活尽可能愉快。

首先,他问了自己几个问题,然后在书中找到了答案。在牢房里,他开始读书,他读了一遍又一遍。从那以后,直到他73岁去世之前,他每天都通过读书来寻求灵感、指导和帮助。

他的态度和行为上的变化引起了监狱官员的注意。有一天,一个监狱职员告诉他,3个月后,有一个电厂将会接收一名模范囚犯。查理·沃德对电力知之甚少,但监狱图书馆里有关于电的书。所以他开始学习。他学到了这些书上所有关于电的知识。

3个月后,查理一切准备就绪。他申请了这份工作。他的举止、语调和积极、真诚的态度给副监狱长留下了深刻的印象,他得到了那份工作!

查理·沃德继续用积极的心态对待学习和工作,因此他成了电厂的主管,手下管着150人。他试着激励他们每个人尽最大努力去优化自己的处境。

明尼苏达州的圣保罗有一家布朗毕格罗公司，它的总裁赫伯特·休斯·毕格罗（Herbert Hughes Bigelow）因逃税被判入狱。在监狱里，查理·沃德与他成了朋友。事实上，他特意激励毕格罗去适应环境。毕格罗非常感激查理对他的友好和帮助。出狱之前他对查理说："你对我一直很好。等你一出来，就到圣保罗来。我会给你一份工作。"

5周后，查理出狱，去了圣保罗。按照承诺，毕格罗先生给了查理一份工作，每周工资25美元。因为查理用积极心态工作，两个月内他就当上了领班。一年后，他成为主管。最后，查理被任命为副总裁兼总经理。1933年9月，毕格罗先生去世。查理·沃德被任命为布朗毕格罗公司的新总裁，他一直担任这一职务，直到1959年夏天去世。在此期间，公司销售额从每年不足300万美元到超过5000万美元。布朗毕格罗公司成为同类公司中的领军者。

由于沃德心态积极，并渴望帮助那些不幸的人，他获得了心灵的平静、幸福、爱及生活中美好的东西。罗斯福总统恢复了他作为公民的权利，并将他作为典范加以表彰。认识他的人都很敬重他，他们自己也被鼓舞去帮助别人。

他最与众不同并值得赞扬的行为就是他雇用了500多名来自监狱的男男女女，他们在他的指导和鼓舞下继续改造。他从来没有忘记自己也曾是个罪犯，他的手镯上有一个标签，上面写着他以前的监狱号码。

如果查理·沃德继续朝着他原来的方向走下去，他会变成什么样子呢？但在监狱里，他遇到了改变的机会。在那里，他学会了用积极的心态来解决个人问题，让自己的世界变得更美好。他变成了一个更强大更优秀的人。

幸运的是，并不是每个人都面临像查理·沃德那样严峻的问题。除了把态度从消极转变为积极之外，查理的故事还给了我们重要的启示。查理自己说过："我最大的错误是和错误的人为伍。"消极的态度会传染，坏习惯也会传染。让我们每个人都看看自己所在的组织，确保将其保持在尽可能高的水平。记住：

> 邪恶是一个面目可憎的怪物。
> 为人所恨，必须为人所见；
> 然而，我们对它的脸太熟悉了，太熟悉了，
> 我们先是忍受，然后是怜悯，最后是拥抱。

每一个人都必须与之斗争的另一种力量就是性的力量。如果不以积极的心态面对它，就会造成身体、道德和精神上的破坏。性是人们作出改变的最大挑战！

性的内在情感是潜意识中最强大的力量之一。它的激励作用早在青春期之前就可以观察到。这种力量融合并强化了其他情绪的驱动力。

什么是七大美德？美德是道德的行为体现，是高尚的道德；美德是正直，是勇气。七大美德包括谨慎、坚忍、节制、公正、忠诚、希望和慷慨。

韦氏词典对七大美德的定义如下：

1. 谨慎：一种能够通过理性来调节和约束自己的能力。

2. 坚忍：能够忍受身体或精神上的痛苦，不屈服于压力。坚忍是面对危险或逆境时的坚定意志、忍耐力、勇气和持久力。坚忍的人拥有毅力，敢于面对那些使人厌恶和害怕的事情，或是忍受一份工作所带来的艰辛。坚忍意味着成功，它的关联词是决心、刚毅、勇气和胆量。

3. 节制：对欲望和激情的适度控制。

4. 公正：人与人之间交往的法则——廉洁公正，也就是正直。

5. 忠诚：坚定地遵守自己效忠的一切。

6. 希望：对渴望得到的事物有所期待，或相信能够得到。

7. 慷慨：强调善行和善意，给予他人理解和宽容。

当你把以上法则与自己的生活联系起来并吸收时，你就会取得成功。

但是人必须为自己而学，因此接下来的这些建议会在你寻找答案的过程中对你有所帮助。

1. 把你的注意力集中在你想要的东西上，而不是你不想要的东西上。这意味着你要把注意力集中在眼前、今后和将来的理想目标上。

2. 为了爱而努力工作，这会让你身心都忙碌起来，消耗掉多余的能量。

3. 培养一段天荒地老不了情。

4. 将本书的内容与你的生活联系起来并吸收。

5. 选择最能让你朝着目标发展的环境。

6. 选择那些你认为会帮助自我激励的因素，记住并且让它们成为自己的一部分。这样在必要的时候，它们就会从你的潜意识闪现到你的显意识里，就像自我暗示一样。

然而，并非每个人都会遇到如此深刻的问题。很多时候，解决眼前问题需要的只是快速思考、适应及重新审视导致问题的情况。反败为胜，往往只需要一个想法，然后付诸行动。

行动跟上想法，才能在别人失败时成功。1939年，在芝加哥的北密歇根大道上，有一个被称为"华丽的一英里"的地区，办公楼空空如也。一栋接一栋的楼都是空的，能租出去一半办公都觉得很幸运，对商业来说，那一年都是糟糕的一年。你能听到这样的评论——"打广告没有意义，那是因为没钱"或"你能做什么？你没法跟时代抗争"。然后，在这片阴郁的景象中出现了一位拥有积极心态的建筑经理。他有了想法，并付诸了行动！

这个人在保险公司工作，负责管理他们在丧失抵押品赎回权时购得的北密歇根大道上的一栋大楼。当他接手这项工作时，这栋楼只有10%的办公室已出租，但在接下来不到一年的时间里就全部租出去了，还有很多人排队等着租赁。秘诀是什么？他没有把困难看作灾难，而是一种挑战。以下是他在采访时说的。

我很清楚自己想要什么。我想把这些房子全部租给精挑细选并有实力的租户。我知道，在目前的情况下，这些办公室可能要好几年才会租出去。因此我认为，我们可以通过以下做法获得一切，而不会有任何损失。

1. 我会寻找理想的潜在租户。

2. 我会激发所有的想象力，为租户提供芝加哥最漂亮的办公室。

3. 我愿意把这些高级办公室租给租户，租金不高于他现在的办公室。

4. 如果把一年的租金平均到12个月，采用月付的形式支付，也是可以的。

5. 我愿意免费为租户重新装修。我会聘请有创意的建筑师和室内设计师，改造大楼里的办公室，以适应每个新租户的个人品位。

我的思考如下：

1. 如果一间办公室在今后几年内没有租出去，我们就不会从那间办公室得到任何收入。因此，我们进行上述安排不会有任何损失。我们可能在年底没有收入，但如果我们不采取行动，我们的境况会更糟。我们会变得更好是因为我们有满意的租户，他们在未来几年能提供可靠的租金。

2. 此外，按惯例，我们的租期仅有一年。在大多数情况下，潜在新租户的旧租约也只剩下几个月就到期了。因此，就算承担这些旧租约的租金，我们也不会有太大的损失。

3.如果租户在年底搬走，那么在一个繁荣的大楼里重新出租也很容易。重新装修一下办公室不会赔钱，反而会增加整栋大楼的价值。

结果非常好。每一间新装修的办公室似乎都比以前的办公室更漂亮。租户们都很热情，许多人还额外支出了一些钱，比如，一个租户花费了22000美元对他的办公室进行改造。

一年后，这座大楼的出租率由刚开始的10%变成了100%。租约期满后，没有一个租户离开。他们对新颖的、超现代化的办公室很满意。在他们第一年租约到期时，出租方没有再提高租金，从而获得了租户长久的好感。

我希望你能回想一下这个故事。有一个人面临最困难的问题：他拥有一栋巨大的办公楼，里面十间办公室有九间都是空置的，没有被租赁出去。然而，不到一年，这些办公室就全部被租赁出去了。现在，在"华丽的一英里"地区周围，到处都是闲置的办公楼，几乎空无一人。

当然，每个大楼经理面对这个问题的态度不尽相同。一个人说："我遇到一个非常可怕的问题！"另一个说："我遇到问题了，这是好事儿！"

一个人如果能把自己遇到的问题当作隐藏的机遇，并仔细审视其中的积极要素，就能理解积极心态的核心。一个人如果有了一个可行的想法并付诸行动，就能反败为胜。

这种行为一次又一次地重复：如果我们把问题和困难转化

为优势，它们就会为我们带来最好的结果。

如你所知，大楼经理所面临的问题发生在大萧条时期，当他在1939年解决了这个问题时，很多情况仍然不乐观，但比原来好得多。

由于大萧条，世界的经济都出现了问题。虽然萧条是由一个或多个国家的经济周期的波动等造成的，但你不能坐视不管，不能被生活打败。在遇到经济问题的时候，你可以用一种聪明的方式来解决。这样，你往往能够获得一笔财富。

你要学会通过了解周期和趋势来致富或实现你的目标。多年前，负责贷款业务的副行长保罗·雷蒙德（Paul Raymond）为他的客户提供了一项服务。他寄给他们杜威的书《周期》。随后，这些客户中有许多人发了财。他们学习并了解商业周期和趋势理论，所以不论经济趋势如何变化，一些人也不会失去他们所获得的财富。

爱德华·R.杜威（Edward R. Dewey）多年来一直担任金融周期研究基金会的主任。他认为，每一个生命体，无论是个人、企业，还是国家，都会成长成熟，趋于平稳，然后死亡。为此，他提出了一种重要的解决方案：无论趋势或周期如何变化，每个人都能为此做出贡献。只要你对此感兴趣，你就能成功地迎接挑战，用新生命、新血液、新思想、新行动来改变这个趋势。

他曾预计经济会出现一个下行周期，然后上行。经济衰退发生在1957年下半年，在报纸报道经济衰退之前，他所在银行的一位客户就开始行动了，并以积极的心态开展业务。1958

年，他的公司保费较前一年增长了25%，增幅超过30%。但是整个行业却呈下降趋势。

有时，出现问题并不会影响整个行业或整个国家，它可能只是某个企业内部的问题。不过这个问题是可以预见并解决的。美国逐渐出现越来越多的公司，在发展过程中，一些公司会慢慢成熟，趋于平稳，然后衰亡，这都是很正常的。杜邦公司就是一个例子。

他们用新生命、新血液、新思想、新行动迎接挑战，我们不必赘述杜邦公司的后续发展，但它成功的原因是什么呢？为什么它没有遵循成长、成熟、稳定到衰亡的自然周期？

因为杜邦以新生命、新血液、新思想、新行动迎接了挑战。公司高管用积极心态和坚定决心解决了他们的问题。他们致力于研究，并不断有新发现，不断开发新产品，完善旧产品。他们在管理上注入新鲜血液，研究并改进他们的营销策略。

我们要借鉴他们的成功经验！

无论是小公司的老板还是个体经营者，你都可以学习并尝试他们的成功经验。你可以把这样一家大公司使用的法则与你自己联系起来并加以吸收，这样你也能够在新生命、新血液、新思想、新行动的助推下继续进步。你可以把劣势变成优势，变得与众不同！当别人顺流而下时，你可以逆流而上！

在这本书里，你读过的和将要读到的很多故事都会告诉你："如果你遇到了问题——那是好事儿！""如果你能学会如何将逆境变成能萌发更大利益的种子，这也是件好事。"你可能仍然不知道该怎么做，那么下文的内容可以帮助你找到答案。

指导思想回顾 6

1. 你遇到问题了？好事儿！为什么？因为通过积极的心态来解决并克服你所遇到的每一个难题，你就会变得更优秀、更强大、更成功。

2. 每个人都会遇到问题。

3. 面对挑战时，你能否成功应对，这取决于你的心态。

4. 当你有问题时，思考，弄清问题，并分析问题；采取积极心态，然后把逆境变成能萌发更大利益的种子。

5. 查理·沃德是成功迎接挑战的好例子。

6. 性是最大的挑战。

7. 七大美德是：谨慎、坚忍、节制、公正、忠诚、希望和慷慨。请把这些美德融入你自己的生活中去。

8. 行动跟上想法，你就能反败为胜。

学会观察

乔治·W. 坎贝尔（George W. Campbell）出生时便双目失明，被医生诊断为双眼"先天性白内障"。

乔治的父亲看着医生，无法接受这个事实。"医生，您救救他吧！可以做手术吗？"

"手术也不行，"医生说，"目前这个病治不好。"

乔治·坎贝尔的眼睛虽然看不见，但因为父母的爱和信念，他的生活依然充满色彩。小时候他不知道自己失去了什么，直到6岁时发生了一件他无法理解的事情。

一天下午，他和一个男孩一起玩。男孩忘记了乔治眼睛看不见，把球扔给了他。

"小心球！"

球确实击中了乔治——从那以后，他的生活完全变了样。

乔治没有受伤，但他非常困惑。他问妈妈："为什么比尔能提前知道发生在我身上的事，而我不能呢？"

妈妈叹了口气。她害怕的时刻终于来了。现在她必须告诉儿子这个事实——你的眼睛看不见。她是这样做的："坐这儿，乔治。"她轻声说，伸手抓住他的一只手。

"我没办法向你描述它，你也许理解不了，但我们试着这样来感受一下。"

她握着他的小手,开始数手指。

"一,二,三,四,五。这些手指类似于我们所说的五种感官。"她一边解释,一边用拇指和食指依次触摸每根手指。

"这根手指代表听声音,这根代表摸东西,这根是闻气味,这根是尝味道,"她犹豫了一下,又接着说,"而这根代表看东西。五种感官中的每一种,就像五根手指中的每一根,都会向你的大脑发送信息。"

然后,她把那根代表"看东西"的小手指向内掰,贴在乔治的手掌上。

"乔治,你和其他男孩不一样,"她解释道,"因为你只有四种感官,像四根手指——一是听觉,二是触觉,三是嗅觉,四是味。但你没有用到视觉。现在我想给你看一些东西。来,站起来。"她温柔地说。

乔治站了起来。

妈妈捡起了他的球,说道:"现在伸出你的手,做出去接球的动作。"

乔治伸出手,过了一会儿,他感到球打在了手指上。他紧紧抱住球,接住了它。

"很好,"妈妈说,"我希望你永远记住你刚刚做的事。乔治,你可以用四根手指而不是五根手指接住球。如果你坚持下去,你也可以用四种感官而不是五种来抓住充实快乐的人生。"乔治的母亲用了一个比喻,这种简单的比喻就是人与人交流思想最快、最有效的方法之一。

乔治从未忘记"四根手指而不是五根手指"的比喻。对他来说，那是希望的象征。每当他因为残疾而灰心丧气时，他就用这个比喻来激励自己。这成了他自我暗示的一种方式。因为他经常重复"四根手指而不是五根"，所以一有需要，它会从他的潜意识闪现出来。

他明白母亲的话是对的。他能够抓住一个充实的人生，并用他仅有的四种感官把握住它。

但是乔治·坎贝尔的故事并没有就此结束。

高中三年级的时候，乔治病了，不得不去医院。康复期间，父亲带来了一些消息，他从中得知已经研究出一种治疗先天性白内障的方法。当然，这种方法也有失败的可能，但成功的概率远大于失败。

乔治太想看到光明，所以哪怕冒着失败的风险，他也要去试一试。

在接下来的6个月里，乔治接受了四次精密手术——每只眼睛两次。术后几天里，乔治躺在漆黑的病房里，眼睛上缠着绷带。

到摘绷带的日子了，医生慢慢地、小心翼翼地解开乔治头和眼睛上面的绷带。乔治只能看到一团模糊的光。

就在那神奇的一刻，乔治正躺着想事儿。这时他听到医生在床边走动，并在他的眼睛上放了什么东西。

"现在能看见吗？"医生问。

乔治微微抬起头来。模糊的光变成一团色彩，又接着成形，有了画面。

"乔治！"一个声音叫道。他听出了那是妈妈的声音。

18年来乔治·坎贝尔第一次看到了他的母亲。62岁的她有一双疲倦的眼睛,一张满是皱纹的脸,和一双结满老茧的手。但对乔治来说,她是世上最美丽的人。

她是他的天使。乔治看到的是她多年的辛苦操劳、耐心教导、关爱呵护。

直到今天,他还珍藏着他睁眼看到的第一幅画面:母亲的样子。正如你所见,他从第一次拥有视觉便学会了感恩。

他说:"没有人能理解视觉的巧妙之处,除非我们不得不失去它。"

观察是一个学习的过程。乔治也学到了其他的东西,对积极心态研究感兴趣的人都能从中受益匪浅。他永远不会忘记那天在病房里,看见母亲站在面前,直到听到她说话,他才知道她是谁。"我们所看到的,"乔治说,"都是对心灵的诠释。我们必须训练大脑来解释我们所见之物。"

这一发现有科学依据。塞缪尔·伦肖(Samuel Renshaw)博士在描述视觉的心理过程时说:"视觉过程是由眼睛和大脑共同形成的,眼睛就像手一样,伸向'那里',抓住'东西',把它们带入大脑。然后大脑通过对比进行解释,最终产生视觉。"

我们中间有一部分人一生中"看到"的力量和光芒很少。我们没有正确地过滤掉眼睛传递给我们的不良信息。我们接受物理印象,却不理解它们对我们的意义。换句话说,我们没有让积极心态去处理我们大脑中的印象。

是时候检查一下你的心理了,而不是生理视觉——那是医学专家的事。但是,心理就像生理视觉一样,会被扭曲。一旦被扭曲，你便可能在错误概念的迷雾中迷失，不可避免地触碰和伤害到自己和他人。

眼睛最常见的生理问题是两种相对的情况——近视和远视。心理也是如此。

目光短浅的人很容易忽略事实和未来的可能性，他只注意眼前的问题，而对机会视而不见。如果你不制订计划，不制定目标，不为未来打下基础，你就是目光短浅的人。

而另一方面，有远见的人很容易忽略眼前的可能性。他看不见眼前的机会。他看到的只是一个未来的、与现在无关的梦想世界。他想从顶端开始，而不是一步一步地往上爬，却没有意识到最快的方式就是从底部开始。

在学会观察的过程中，你应该同时发展你的洞察和远见。一个知道如何看清眼前事物的人具有很大的优势。多年来，蒙大拿州达比小镇的居民一直在仰望水晶山。这座山之所以叫这个名字，是因为侵蚀作用暴露了一些岩石，它们由一种闪闪发光的晶体构成。早在1937年，人们就在岩石露头处修建了一条步道，但直到1951年，也就是14年后，才有人愿意捡起闪闪发光的材料，真正地去观察它们。

1951年，两个达比人——卡姆利和汤普森在这个小镇上参观了一个矿物收藏展。汤普森和卡姆利非常兴奋。在矿物陈列室里陈列着绿柱石的标本，根据所附的卡片所说，绿柱石被用于原子能研究。汤普森和卡姆利立即宣布对水晶山拥有开发权。汤普森向斯波坎市的矿务局送去了一份矿石样本，并要求派一名检查人员去查看一处"非常大的矿藏"。那年晚些时候，矿务局派了一辆推土机上山，提取了足够多的露头物，从而确定这里确实是世界上最人的、极具价值的铍矿藏之一。今天，重型卡车奋力爬上矿山，然后带着极重的矿石下来，而在山底，代表美国钢铁公司和美国政府的人员都把钞票攥在手中，竞相购买这些高价值的矿石。这一切都是因为有一天，两个年轻人不仅用他们的眼睛观察，而且不厌其烦用心去看。今天，这些人正走在变成千万富翁的路上。

一个精神上有远见的人是不可能做出汤普森和卡姆利所做的事情的——因为他的心理被扭曲了。他只能看到长远价值，却看不见脚下的财富。财富就在你家门口，看看你的周围。当你在做日常琐事时，是否会抱怨？也许你能想出一种方法来克服它们，这种方法不仅对你自己有帮助，对别人也有帮助。许多人靠满足这样不起眼的需求而发了财。就像那个发明了发夹和回形针的人，以及发明了拉链和金属扣的人。看看你的周围。学会观察，你有可能在自家后院发现数亩的钻石。

精神上的近视和精神上的远视一样都是问题。有这个问题的人只看到眼下的东西，而更遥远的可能性则无从知晓。他是那种不懂得计划的力量的人。他不明白思考的价值。他忙着处理眼前的问题，以致没有时间去思考长远的事情、寻找新的机会、寻找发展趋势、把握大局。

在佛罗里达柑橘生产区，有一个小镇，周围是农田。当然，大多数人会认为这是一个完全不适合修建大型旅游景点的地区。它是孤立的。这里没有海滩，没有山脉，有绵延数公里的起伏的丘陵，有小湖和沼泽。

不过，这片区域迎来了一个男人，他用一种旁人不曾有过的视角，"发现"了这片柏树湿地。他就是理查德·蒲伯（Richard Pope）。蒲伯买下了其中一块湿地，筑上围墙，为将其打造成一座举世闻名的柏园，曾经拒绝了百万美元的转手价。

当然，这并非易事。为达目标，蒲伯须要时时刻刻去"发现"机遇。

推广便是一个大难题。蒲伯清楚，只有通过铺天盖地的广告宣传，才能吸引民众来到如此偏僻之地游玩，但是推广是个"吞金兽"，而蒲伯所做的却相当简单，那便是进军时髦的摄影行业。他在柏园内建了一处场所，提供相机，向游客售卖胶卷，并教会游客如何拍摄出公园美景。他还雇用技艺高超的水上表演者，当他们进行精彩绝伦的表演时，蒲伯通过扩音器告诉游客，准确设置相机，以抓拍动作。随后，当游客们回到家，便会发现此行最美的照片全是关于柏园的。这些照片和有口皆碑的推荐，便是蒲伯最好的营销方式。

创造性视角是一种人人都须培养的素质。我们须要以崭新的目光去看待世界——不仅看到我们身边的良机，同时着眼未来，发现机遇。

"发现"是一种后天的技能，就像所有技能一样，它必须经过很多的练习。

发现他人的才干、能力和想法。我们可能自认为，对自己的才能了如指掌；然而，对此我们可能都太自负了。举个例子，有位教师进行心理检测，结果显示，这位老师既"近视"又"远视"，因为她既不能发现学生目前的能力和未来的潜力，也无法欣赏学生的观点。

每个人——包括伟人或近乎伟人的人——都有个起点。他们的智慧和成功并非天赐。事实上，即使是一些最伟大的人，在他们的生命中，有时也曾被认为是平庸的、愚蠢的。直到他们调整到积极的心态、明晰了自我的能力、设立了明确的目标后，他们才开始攀登成功的巅峰。曾有一位少年，老师对其评价尤为低劣："一个愚蠢的糊涂蛋。"

小男孩总是坐着，在石板上画画。有时环顾四周，听到别人交谈，便会问一些"不可能的问题"，但从不透露心中的答案，即使面临惩罚的威胁，他也一声不吭。孩子们都叫他"笨蛋"，在班上他的成绩也总是最后一名。

这名男孩就是托马斯·阿尔瓦·爱迪生。当捧读爱迪生的传记时，你总会备受鼓舞。在他的人生中发生了一件事，并促使他从消极心态转向积极心态，后来接受高等教育，他的才华崭露出来。

到底是什么事件使爱迪生的人生态度发生了大转变？他曾告诉母亲，在学校里听到老师向监察员批评他"蠢笨"，并不想再待在学校了。母亲领着爱迪生向学校走去，并用只有儿子才能听到的音调告诉他："托马斯·阿尔瓦·爱迪生，你比学校的老师和监察员还要聪明百倍。"

爱迪生将其母亲称为，一个孩子所能拥有的，世上最热情、最有爱心的母亲。自那天起，爱迪生做出了改变。他坦言："母亲对我的影响贯穿了我的人生，她的谆谆教导使我受用一生。母亲待人友善，总能理解我、赞同我，从不会误解或误导我。"

爱迪生的母亲对他的信任使其对自己的消极看法有了巨大的变化。这使他成为积极心态的信徒，对学业抱着积极的心态。这种积极态度教会爱迪生以更深邃的眼光看待事物，从而创造出造福人类的发明。这位老师没能发现男孩的天赋，爱迪生的母亲却做到了。

人总是倾向于看到自己想看到的事物。

听，并不意味着专心致志或心无旁骛，倾听才是。纵观本书，我们希望你能倾听我们传达的信息。这意味着，去"发现"将书中的法则与生活实际相联系并融会贯通的方式。

或许，你会乐意去发现将下述经验应用于生活中的秘诀。

杜邦公司的化学博士洛伊·普伦基特曾做过一次失败的实验。在某次实验后打开试管，他观察到试管内是空的。对此，他感到非常奇怪。心想："这是什么原因？"要换成旁人，肯定会将试管直接丢弃，但是普伦基特博士并没有这么做。相反，他将试管进行称重，并意外发现试管比原先更重。于是，普伦基特博士再一次自问："这究竟是何原因？"

在追寻问题的过程中，普伦基特博士发现了神奇的透明塑料——聚四氟乙烯，通常被称为铁氟龙。

当你对某些事情不甚理解，那便问问自己："这是为何？"细心观察，你可能有巨大发现。

当我们学会用不同的视角去看问题时，我们的许多想法在别人看来似乎有些不可思议。这些想法要么让我们感到怯懦，要么让我们付诸行动并创造财富。以下是关于珍珠的一个真实故事。主人公是一位年轻的美国人约瑟夫·戈德斯通（Joseph

Goldstone）。他挨家挨户地把珠宝卖给爱荷华州的农民。

经济大萧条时期，他得知日本人正在生产美丽的珍珠，质量很好，而且售价只有天然珍珠的一小部分！

戈德斯通看到了一个大好机会。尽管那一年经济不景气，但他和妻子埃斯特（Esther）还是把所有有形资产都换成了现金，前往东京。他们带着不到1000美元以及计划和积极心态。

他们获得了日本珍珠经销商协会会长北村的接见。戈德斯通的目标很高，他把自己在美国销售日本生产的珍珠的计划告诉了北村，并要求北村先贷给他10万美元的珍珠款。这是一笔惊人的大数目，尤其是在经济萧条时期。然而，几天后，北村先生同意了。

珍珠卖得很好。戈德斯通一家踏上了发家致富的道路。几年后，他们决定开办自己的珍珠养殖场，并且这一想法在北村先生的帮助下得以实现。再一次，他们独具慧眼，抓住了这个机会。事实证明，人为地放置某个外来物件到牡蛎体内，会导致牡蛎有50%以上的死亡率。

他们不禁自问："怎样才能避免如此大的损失？"经过大量学习，他们开始将用在病房上的方法用在牡蛎身上。他们将牡蛎外壳刮干净，减少感染的风险。"手术"使用了一种液体麻醉剂让牡蛎放松，然后借助一把消过毒的手术刀，将小球放到牡蛎里面，作为珍珠生成的核。之后他们把牡蛎放到一个箱子里，再把箱子扔回水里。每4个月，都要把箱子捞出来，给牡蛎进行身体检查。通过这些精心操作，90%的牡蛎得以存活，并生成了珍珠。戈德斯通家因此又获得了巨额的财富。

再一次，我们看到人们如何运用直觉获得成功。慧眼识珠比通过视网膜捕捉光线更重要。这是一种思考你所看到的，并且将这一思考实践到自己和他人生活中的技能。学会去看，意想不到的机会就会降落到你身上。然而，与其说是学习感知带来成功，不如说是积极心态带来了成功。你必须还要学习如何实践。实践是很重要的，只有通过实践才能做成事情，获得成功。

不要再等了。阅读接下来的文章，你将通过积极心态进一步获得成功。

指导思想回顾 7

1. 学会看！观察是一个学习的过程。

2. "你可以用四根手指而不是五根手指接住球。"这句话帮助失明男孩乔治·坎贝尔把握幸福生活。

3. 观察是通过联想得以强化的。

4. 是不是该进行心理检测了？心理如果出现问题，你就会陷入一片迷雾中，左冲右撞，伤害自己和他人。

5. 看吧，仔细看，好好想！你家后院可能就藏着数亩钻石！

6. 不能目光短浅，要放眼未来。理查德·蒲伯一直对未来有着明确坚定的目标，柏园才会成为现实。

7. 观察他人的才干、能力和思想。否则你可能就错过了一个天才。

8.向自然学习。怎么学？多提问题，如果你不知道答案，可以向专家咨询。

9.通过行动，把你看到的变成现实。

做好事情的秘诀

在本文中,你会找到完成任务的秘诀。你也会得到一个强大的自我激励器,实际上它是一个自我敦促器,会在潜意识里敦促你去做该做的事。你可以根据自己的意愿启用它,这时候,你就克服了拖延和惰性。

如果你做了你不想做的事,或者你没有做你想做的事,那么本文就是为你准备的。

那些取得伟大成就的人,就是运用了这一秘诀。

那么,做好事情的秘诀是什么?是什么促使你主动去做事?

把事情做好的秘诀就是行动。做事主动的人就是能够自我激励的人。现在就做!

只要你活着,永远不要对自己说:"立刻行动!"除非你真的采取行动并坚持到底。只要这件事是值得的,"立刻行动!"这句话从你的潜意识闪现到你的显意识,就立即采取行动。

主动完成每一件小事,这样你很快就会养成一种强大的反射习惯,在情况紧急或机会出现时,自觉采取行动。

比如说,你原本有一个电话要打,但是你有拖延症,所以推迟了。当"现在就做"这句话从你的潜意识蹦出来时,你要采取行动:马上打电话。

再比如,你定了早上6点的闹钟。然而,当闹钟响的时候你仍然很困，于是起床关掉闹钟，继续睡觉。这样一来你将来会养成拖延的习惯，除非你的潜意识告诉你："行动起来！不要睡！"为什么？因为你想要养成主动反应的习惯，现在就要行动起来！

在本书第三部分，你将读到某个人是如何用卖方的钱买下一家净流动资产为160万美元的公司的。这是真的，因为买家在恰当的时机积极行动。

H.G.威尔斯（H. G. Wells）也学会了完成任务的秘诀。威尔斯是一位多产的作家，因为他一直在写作。他尽量不让任何一个好点子从他身边溜走。当一个新想法出现，他就立刻写下来。这有时会发生在半夜。不过没关系，威尔斯会打开灯，伸手去拿放在床边的铅笔和纸，草草写下，然后继续睡觉。

当他翻看那些草草记下的灵感时，一些已经被遗忘的点子会被重新唤醒。

很多人都有拖延的习惯。正因为如此，他们可能会错过一趟火车，上班迟到，甚至错过一个可以让他们的生活变得更好的机会。历史上因迟迟没有采取行动而导致战败的例子比比皆是。

在我们的成功学课上，有时一些新来的学生会说他们想要克服拖延的习惯。于是我们告诉他们完成任务的秘诀，鼓励他们主动做事。我们会给他们讲真实的故事，告诉他们在第二次世界大战中，主动作为对战俘意味着什么，以此来激励他们。

主动作为对战俘意味着什么？日本人登陆马尼拉时，肯尼斯·欧文·哈蒙（Kenneth Erwin Harmon）是马尼拉海军的一名文员。他被捕后被关在旅馆里两天,然后被送进了监狱。

第一天,肯尼斯看到他的室友枕头下有一本书。"我可以借一下吗?"他问道。这本书是《思考致富》。于是肯尼斯开始读书。

他在开始读那本书之前,曾感到绝望。他想象着在集中营里可能会遭受折磨甚至死亡,就瑟瑟发抖。但当他阅读时,他的态度发生了改变,变成了一种被希望所鼓舞的积极态度。他渴望拥有这本书。他想在未来可怕的日子里把它带在身边。在与狱友讨论《思考致富》时,他意识到这本书对其拥有者意义重大。

"让我复制一下吧。"他说。

"当然可以。"狱友回答。

他立即采取行动。开始疯狂打字,一个字又一个字,一页接着一页,一章接着一章。因为怕它被拿走,所以他没日没夜地打字。

很幸运,他在一个小时内就打完了内容,然后就被带到臭名昭著的圣托马斯集中营。因为他及时开始做,所以他按时完成了。哈蒙在三年零一个月的时间里一直把复制本带在身上。他一遍又一遍地读。书给了他精神食粮,激励他鼓起勇气,为未来制订计划,并保持身心健康。在圣托马斯集中营的许多囚犯因营养不良,加上对现在和未来的恐惧而在身体和精神上受到永久性伤害。哈蒙告诉我们:"我离开圣托马斯的时候比被拘留的时候好多了,我对生活的准备更充分,精神也更好了。"你可以从他的表述中感受到,"要想成功,必须不断地付诸实践,否则它会飞走"。

现在是行动的时候了。

完成任务后,一个人的态度可以从消极变为积极,原本糟糕的一天也可以变成愉快的一天。

这一天也可能被浪费掉。哥本哈根大学的学生约根·俊达尔(Jorgen Juhldahl)在夏天做起了导游。由于他心甘情愿地做了许多零报酬的事情,一些来自芝加哥的游客为他安排了美国之旅。行程包括在他去芝加哥的途中,在华盛顿特区一日游。

到达华盛顿后,约根入住在威拉德酒店(Willard Hotel),而他的账单已经有人预付过了。他感觉自己站在世界之巅,他上衣口袋里装着去芝加哥的机票;钱包在屁股口袋里,里面有他的护照和钱。然后这个年轻人受到了重大打击!

准备睡觉时,他发现他的钱包不见了。于是他跑到楼下的服务台。

"我们会尽力的。"经理说。

但是第二天早上,钱包仍然没有找到。约根口袋里只有不到两美元的零钱。独自一人在国外,他不知道该怎么办。打电话给他在芝加哥的朋友,告诉他们发生了什么事?去丹麦大使馆报失护照?在警察局等消息?

然后,他突然说:

"不!这些事情我都不做!我要在华盛顿四处逛逛。我可能再也不会来这里了。我只有一天的宝贵时间待在这里。至少我还有今晚去芝加哥的机票,到时候还有很多时间来解决钱和护照的问题。如果我现在不逛逛华盛顿,我可能永远也没机会了。在家的时候我就经常散步,我也会好好享受在这里散步的时光。

"我现在应该高兴。

"我还是昨天丢钱包前的那个我。那时我很高兴。我现在也应该高兴。我很高兴来到美国,很高兴能在华盛顿——这座伟大的城市度假。

"我不会因为我的损失而把时间浪费在无谓的悲伤中。"

于是他步行去参观了白宫和国会大厦,参观了雄伟的博物馆。他没能游览阿灵顿和其他一些他想去的地方,但他把所能看见的都看得清清楚楚。他买了花生和糖果,一点一点地吃,以免太饿。

当他回到丹麦时,他对美国之行记忆最深的是在华盛顿徒步旅行的那一天——如果他没有完成任务的秘诀,那一天的快乐就不会存在。他知道现在必须抓住它,否则它就会变成"我原本可以"。

为了使故事圆满,我要顺便提一句,丢钱包5天后,华盛顿警方找到了钱包,并还给了他。

你害怕自己的好主意吗?有一个东西经常让我们错失机会,它就是胆怯。当我们的想法第一次出现时,我们有点害怕。它们可能看起来很奇怪或太牵强。毫无疑问,我们需要一定的勇气才敢提出一个未经验证的猜想。然而,往往正是这种大胆才催生出最惊人的结果。著名作家艾尔西·李(Elsie Lee)讲述了露丝·巴特勒(Ruth Butler)和她的妹妹埃莉诺

（Eleanor）的故事。她们是纽约一位著名皮货商的女儿。

"我父亲是一位不得志的画家，"露丝说，"很有天赋，但为了谋生，没有时间去树立艺术家的声誉，所以收集绘画作品。后来，他开始为埃莉诺和我买画。"因此，这两个女孩儿学习了美术知识，培养了美术鉴赏能力以及无可挑剔的艺术品位。长大后，朋友们会向她们咨询什么画适合挂在家里。她们也经常会从自己的收藏品中选择一些画暂时借出。

一天，埃莉诺凌晨3点把露丝叫醒："别说话，我有个超赞的主意！我们组一个智囊团组合怎么样？"

"智囊团到底是什么？"露丝问道。

"智囊团是指两个或两个以上的人为了达到一个明确的目标，本着和谐的精神，把知识运用于实践。这就是我们要做的。我们要开启租画事业了！"

露丝同意了。这是个好主意。她们当天就开始工作，不过朋友们告诉她们这样做有风险——那些珍贵的画可能会丢失或被盗，可能会有法律诉讼和保险问题，但她们没有因此放弃。她们攒了300美元，并说服父亲免费租给她们皮草店的地下室。

露丝回忆说："我们从自己收藏的画中挑出了1800幅，没有理会父亲悲伤而不满的眼神。第一年很艰难，真的很艰难。"

这个新奇的想法得到了回报。他们的公司名为纽约流动绘画图书馆（New York Circulation Library of Paintings），取得了成功——约有500幅画作不断租给商业公司、医生、律师使用。其中一位重要的客户是马萨诸塞州监狱的一名囚犯，他需要服刑8年。他谦逊地写道："考虑到我的地址，也许图书馆不会租给我。"最终这些画租给了他，不收租金，只收邮费。作为回报，露丝和埃莉诺收到了来自监狱的一封信，信中讲述了这些画是如何被用于艺术欣赏课，并使数百名囚犯受益的。露丝和埃莉诺的事业始于一个想法，然后她们用即时行动来支持她们的想法，结果对她们自己有利，也为许多人带去了快乐和幸福。

你准备好把你的收入翻倍了吗？1955年，W.克莱门特·斯通作为国际组织代表访问亚洲和太平洋地区。11月中旬的一个周二，他在澳大利亚墨尔本给一群商人做了一场关于积极心态的演讲。星期四晚上，他接到了埃德温·H.伊斯特（Edwin H.East）的电话。伊斯特是一家销售金属橱柜公司的经理，他兴奋地说："发生了一件奇妙的事！当你知道是什么事之后，你一定会和我一样高兴！"

"跟我说说发生了什么。"

"发生了一件了不起的事情！你周二做了关于积极心态的演讲，并且推荐了10本励志书。当天晚上我就买了《思考致富》，然后开始读这本书，一口气读了好几个小时。第二天早上，我又读了一遍，然后在一张纸上写道：'我的主要目标是今年的销售额比去年翻一番。'令人惊讶的是，我在48小时内完成了这件事。"

"你是怎么做到的？"斯通先生问伊斯特，"你的销售额是怎么翻倍的？"

伊斯特回道："你在演讲中提到了你们公司在威斯康星州的销售员艾尔·艾伦（Al Allen），讲了他如何试图在某个街区进行面对面式营销。你说艾尔很幸运，因为他忙了一整天，但没有做成一笔买卖。

"你还说，那天晚上艾伦受到了刺激，他下定决心，第二天会再次拜访那些潜在客户，以保证当天卖出的保单数量要超过他的团队中任何一个人一星期卖出的保单数量。

"你讲了艾尔是如何在同一个街区进行游说的。他拜访了前一天那些客户，签了66份新的意外事故险合同。我记得你说过：'有些人认为这是不可能完成的任务，但艾尔做到了。'我相信你。我准备好了。

"我记得你教给我们的自我激励法：现在就行动起来！

"我查看了信用卡记录，分析了10个睡眠账户。我准备了一个以前看起来似乎有些庞大的项目给每个人看。我重复了好几遍自我激励的口号：现在就开始做！然后我以积极的心态给10个客户打电话，做成了8笔大买卖。积极心态能为使用它的销售员带来好的业绩，真的是太不可思议了！"

当埃德温·H.伊斯特听到关于积极心态的演讲时，他已经准备好了。他听取了对自己有用的信息。他在寻找一些东西，现在已经找到了。也许你也听到过关于艾伦的故事，但是你可能还不知道如何将这个方法运用到你自己的经历中。伊斯特做到了，你也可以。你能在本书的任何一个故事中找到运用这些法则的方法。

然而，现在，我们想让你学会主动，现在就行动！

有时候，立即行动可以让你最疯狂的梦想成真。曼利·斯威泽（Manley Sweazey）就是如此。

曼利喜欢打猎和钓鱼。他心目中的美好生活是带着鱼竿和步枪徒步80公里进入森林，几天后再徒步回来，疲惫不堪，浑身泥泞，但非常快乐。

这个爱好唯一的问题是，占据了他作为保险推销员太多的时间。后来有一天，曼利不情不愿地离开了他最喜欢的鲈鱼湖，回到办公桌前，于是他有了一个疯狂的想法。假设，有人生活在某个荒无人烟的地方，那他们一定须要买保险，这样他就可以在户外工作了！曼利发现，确实有这样一群人，他们是阿拉斯加铁路公司的工人，住在铁轨两边的工房里，房子沿着800公里长的铁轨分布。如果他把保险卖给这些铁路工人或沿途的猎人和淘金者会怎样？

有了想法后，当天斯威泽就开始制订计划。他咨询了一家旅行社，开始打包行李。他没有停下来让疑虑潜入心底，警告他的想法可能太草率，可能会失败。他没有考虑这么多，乘船去了阿拉斯加的苏厄德。

他沿着铁路走了很多次。对这些与世隔绝的家庭来说，斯威泽成了一个受欢迎的人。别人认为不值得花时间给这些工人推销保险，但他不嫌麻烦。他学会了理发，并免费给他们剪头发，因此他又多走了一些路。他还学会了做饭。由于单身的铁路工人主要吃罐头食品和培根，所以斯威泽以他高超的烹饪技巧成了一位受欢迎的客人。他一直跟随本性，做一些他想做的事：爬山、打猎、钓鱼。用他自己的话说，"过着斯威泽式的生活"。

在人寿保险业中，有一种特殊的荣誉是为那些一年内销售业绩在百万美元以上的销售员保留的，它被称为百万圆桌会议。在他的故事里，值得注意并令人难以置信的是：由于他的冲动，他在阿拉斯加的荒原上，在没有其他人费心去的铁路上行走，他在一年内做成了100万美元的生意。更值得注意的是，仅仅一年，他就拥有了百万圆桌会议的一个位置。

如果在"疯狂"想法出现时，他犹豫是否要立刻去做，这一切就都不会发生。

记住自我激励的口号——现在就行动！

这一口号能影响你生活的每个阶段。它可以帮你做你应该做但不想做的事情；它能在你面临一项你讨厌的任务时，防止你拖延；它也能像帮助曼利·斯威泽一样帮你完成你想做的事；它能帮助你抓住那些失去就无法挽回的珍贵时刻，例如，对朋友说些好听的话，给同事打电话，告诉他你很欣赏他。所有这些都是自觉的表现，现在就行动吧！

给自己写封信。有一个办法可以帮助你开始，坐下来，给自己写封信，告诉自己你一直想做的事情，就像它们已经完成了一样——一些关于个人的、慈善的或社区项目的。写这封信的时候，要像一个传记作家一样，记录下积极心态影响下真实的自己，不要停下来。使用完成任务的秘诀，做一个积极主动的人，现在就行动！

记住，无论过去还是现在，无论你现在怎么样，只要你用积极心态行动起来，你就能成为你想成为的人。

自觉行动是一种重要的自我激励因素。这是理解和应用下文"如何激励自己"方法的重要一步。

指导思想回顾 8

1. 不花钱做事比花钱不做事要好。

2. 完成任务的秘诀是：立刻行动！

3. 只要你活着，永远不要对自己说："立刻行动！"除非你真的采取行动并坚持到底。

4. 现在是行动的时候了。

5. 现在是快乐的时候了。

如何激励自己

动机是什么？

动机是诱导行为或决定选择的因素，它为行为提供动力。动机只是个体内部的"内在冲动"，激励个体采取行动，如想法、情感、欲望或冲动。

当你知道如何激励自己，你就会知道如何激励别人。相反，当你知道如何激励他人时，你就会知道如何激励自己。

本文的目的是告诉你如何激励自己。如何激励他人是接下来的文章的内容。如何以积极的心态激励自己和他人是这本书的目的，实际上本书是一本关于积极心态的书。

我们讲述他人成功和失败的具体经验的目的是激励你采取必要的行动。

因此，为了激励自己，试着去了解如何激励他人：为了激励他人，试着去了解如何激励自己。

用积极心态法来激励自己，你就能引导你的思想，控制你的情绪，并改变你的人生。

激励自己和他人的神奇秘方是什么？

有一个男人发现了它。下面我们来听听他的故事。

这个男人是一个化妆品制造商。他在65岁时退休了。从那以后，朋友们每年都给他举办生日晚会，每次都要他透露他的配方。每年他都笑呵呵地拒绝回答，但是，在他75岁生日那天，他的朋友又一次半开玩笑半认真地问他是否愿意透露这个秘密。

"这么多年来，你们一直对我很好，现在我就告诉你们，"他说，"除了其他化妆师使用的配方之外，我还添加了神奇秘方。"

"什么秘方？"有人问他。

"我从来不向任何一个女人保证用了我的化妆品会变美，但我总是给她希望。"

神奇秘方就是希望！

希望是期望得到所期望的，并相信它是可以得到的。一个人会有意识地对他想要的、信赖的、能得到的东西作出反应。

每个结果都有特定的动机。

从你的每一个想法、每一项主动行为中，都可以找到某种明确的动机或多种动机的组合。有10种基本动机可以激发你所有的思想和自愿行为，每个人做事都是出于某种动机。

当谈到学习如何激励自己达到某个目标，或者如何激励他人时，你应该清楚地理解以下10个基本动机。

1. 自我保护欲。
2. 爱。
3. 恐惧。
4. 性欲——对性的渴望。
5. 对长寿的渴望。

6. 对身心自由的渴望。

7. 愤怒。

8. 恨。

9. 渴望被认可和自我表达。

10. 对物质财富的渴望。

你在读本文的时候，也许会觉得它包含了值得一些思考的内容。一个好的三明治，十分之九是面包，十分之一是肉。跟三明治不一样的是，本文十分之九都是"肉"。作者就是这么计划的，希望你能仔细咀嚼并消化。

负面情绪好吗？读了这本书，你会明白消极的情绪、感觉和想法对个人是有害的。但是，负面情绪有积极影响的时候吗？

答案是肯定的。消极的情绪、感觉、思想在适当的时机和情况下是有益的。

一个社会的文明度越高，个人的消极因素就越少。但是在一个消极的、对立的社会中，有常识的人都知道用积极心态来克服这些负能量，以解决他所面临的困难。

因为个人的合法权利受到保护；因为你们现在所处的社会是文明的。

现在，我们以恐惧为例来解释一下这些概念。

当你有新的经历或处于新的环境，人的本能都会用恐惧的情绪来提醒自己，从而让自己免受潜在危险。再勇敢的人，在一个新的环境中，首先也会有意或无意地感到胆怯或恐惧，这点毋庸置疑。如果发现恐惧对自己没有好处，拥有积极心态的人就会用积极情绪来代替消极情绪，从而消除不良情绪。

你能做些什么？人类是动物王国中，唯一不受外在压力就能够有意识地控制自己情绪的成员。

人类自己能够有意识地改变情绪。如果你能轻易地控制自己的情绪和情感，那么你就是有修养的人。

情感是能够通过理性和行为的结合来控制的。当恐惧没有必要或是有害时，恐惧情绪就可以且应该被消除。

如何做？

虽然你的情绪并不总会受到理性的支配，它们却受制于行动。你可以用理性来唤醒积极情绪，从而激励自己采取行动。你可以用积极情绪来代替恐惧。

你该怎么做？

一种有效的方法是自我暗示，这实际上是自我控制的一种。用一句话来概括就是暗示自己想成为什么样的人。如果你感到害怕，想要变得勇敢，那就赶快说几遍"勇敢"这个词。行动起来。如果你想变得勇敢，就勇敢地行动。

怎样才能勇敢地行动起来？

用自我激励法，立刻采取行动。

在本文和下一篇文章中，你将会知道如何通过自我暗示来控制你的情绪和行为。与此同时学会：把你的注意力集中在你想要的东西上，而不是你不想要的东西上。

一个百试百灵的方法。你读过《本杰明·富兰克林自传》或弗兰克·贝特格的《我是这样从销售失败走向销售成功的》

吗？这两本书都拥有成千上万的读者。如果你没读过，我建议你读一读。这两本书蕴含着一个获得成功的方法，百试百灵。

富兰克林在他的自传中提到，他尽力帮助自己，就像世上最重要的那个人想要帮助自己一样。

既然我的目的是将这些美德变成一种习惯，我认为最好不要尝试同时实现，以致分散注意力。当掌握了一种美德后，接着继续实践下一个，如此类推，直到我做到所有为止。因为先获得的某些美德可能有利于其他美德的养成，依据这个想法，我就按照上面的次序把它们进行了排列。

富兰克林列出的品德种类和相应的戒律（自我暗示）如下：

1. 节制：食不过饱，酒不过量。
2. 沉默：言必于人于己有益，避免无益的谈话。
3. 秩序：每一样东西应有安放的位置，每件事都应当安排好相应的时间。
4. 决心：应当做的事必做，不要半途而废。
5. 节俭：花钱要于人于己有益，不要浪费。
6. 勤勉：不浪费时间，每时每刻做有用的事，终止一切不必要的行动。
7. 真诚：不恶意欺骗，思想要纯洁公正。
8. 公正：不做损人之事，不要忘记履行对人有益且自己应尽的义务。

9. 适度：避免极端，尽你所能克制自己对伤害的怨恨。

10. 清洁：卧室要保持整洁。

11. 镇静：不为琐事或不可避免的事故惊慌失措。

12. 忠贞：节制性生活，以免对自己或他人的生活和名誉造成损害。

13. 谦逊：效仿苏格拉底。

富兰克林进一步写道："我认为每日必须进行自我检查。我做了一本小册子，每一页列十三种美德。在某个格子里 * 号的个数，代表当天违反某种美德的次数。"

表1　每日自我检查表

	星期天	星期一	星期二	星期三	星期四	星期五	星期六
节制							
沉默	*	*				*	
秩序	**	*	*		*	*	*
决心			*				*
节俭			*				
勤勉			*				
真诚							
公正							
适度							
清洁							
镇静							
忠贞							
谦逊							

如今，知晓如何使用这个方法和知晓这个方法一样重要。

下面就教你如何调动你的知识库。

行动方案

1. 一周的每一天都要专注于同一种美德。在任何情况下都要采取适当的行动。

2. 下一周开始实践第二种美德。让第一种美德停留在潜意识里。如果在你的意识中突然想起以前的美德,那么就立刻采取行动!然后继续每周专注于一种美德,其余的就顺其自然,由你形成的习惯来执行。

3. 当那些美德都完成后,重新开始一轮。这样做一年,你就会完成整整四个周期。

如果你决定开始制订计划,但又不知从何开始,你可以借鉴本杰明·富兰克林使用的13种美德,也可以借鉴17条成功法则。

接下来我们谈谈富勒刷具公司的第一个员工。

阿尔弗雷德·C.富勒(Alfred C. Fuller)是富勒刷具公司的创始人。他来自加拿大新斯科舍省一个贫穷的农场家庭。富勒找不到稳定的工作。事实上,在他工作的头两年里已经失去了三份工作。

但是后来富勒的生活发生了翻天覆地的变化。他开始卖刷子。那时候富勒很有动力,他开始意识到前三份工作并不适合自己。

他也不喜欢做那些工作。

推销却很轻松。他立刻发现自己很适合做推销。他喜欢这份工作。因此，富勒调整思维，决定要做世界上最棒的推销员。他做到了。

成为一名成功的推销员后，他又为自己设立了通向成功的新目标。那就是创业。这个目标很适合他，因为他要从事销售业。

富勒继续卖刷子，他从没这么开心过。他晚上自己做刷子，第二天拿出去卖。当他的销售额开始上升时，他以每月11美元的价格租下一个旧棚子，然后雇了一个助手帮他做刷子，而他则专注于销售。那个失去前三份工作的男孩最终怎么样了？

1959年，富勒刷具公司已经有7000多名推销员，年收入超过1亿美元。

你看，顺其自然，反而更容易成功。

但还有比赚钱或事业有成更大的激励因素。自我保护欲是走向成功最强大的因素。

艾迪·V.里肯巴克上尉是美国最成功、最受尊敬的人之一。他成功担任了东方航空公司的总裁，大家都很敬重他。

人们亲切地称呼他为艾迪上尉，他是信仰、正直、因努力工作而快乐的象征。

艾迪上尉和他的机组人员乘坐的飞机曾坠入了太平洋。事发当周外界没有找到飞机残骸和机组人员。第二周也没任何消息。但艾迪上尉在21日获救的消息令全世界都兴奋不已。

想象一下，艾迪上尉和机组人员在一望无际的太平洋上漂流。想象一下这些人，他们的飞机坠毁时撞到水面，受到巨大冲击。他们顶着太阳，又饿又渴。每天都坐在橡皮艇上。

现在，你脑海中已经有了那个画面了，现在我们听听艾迪上尉是怎么说的。

"就像我之前说的，我一直都相信我们能获救，但是其他人似乎并不这么想。

"事实上我从来没有怀疑过我们会得救。

"我试图把自己的人生观告诉这些人，希望能激发他们活下去的欲望。我发现：在艰难的环境中坚持的时间越长，我就越肯定自己能获救。这是老年人的智慧。"

如果你问我该如何激励自己，我再次强调，并列出这些基本动机！

首先是自我保护欲，其次是情感——爱、恐惧，再次是渴望——对性、长寿和身心自由的渴望，最后是愤怒、恨、对被认可、自我表达、物质财富的渴望。在这 10 个基本动机中，对物质财富的渴望排在最后。

在下一篇文章中，你将看到任意一个因素或它们的组合是如何激励其他人的。

指导思想回顾 9

1. 积极心态是诱导行动或决定选择的因素。
2. 用积极心态来激励自己，你就能引导你的思想，控制你的情绪，改变你的人生。

3. 希望是神奇秘方。

4. 基本动机包括：自我保护欲，情感——爱、恐惧，对性、长寿和身心自由的渴望，愤怒、恨，对被认可、自我表达、物质财富的渴望。

5. 像本杰明·富兰克林一样激励自己。

6. 像艾迪上尉那样有坚定的信念。

如何激励他人

采用有效的方式以及合适的做法激励他人对于我们来说是很重要的。在你的人生中，你将扮演双重角色，在激励他人的同时他们也会激励你。父母和孩子，老师和学生，销售员和买家，你扮演着每一个角色。

孩子是如何激励父亲的？在丰盛的圣诞晚餐后，一个两岁半的男孩和父亲一起散步。当他们走了一个街区后，小男孩停了下来，抬头看着父亲，微笑着叫了声"爸爸"，然后犹豫了一下。他父亲问："怎么了？"男孩停顿了一两秒钟，继续说："如果你说'请'，我就让你抱着我。"谁能抗拒这种请求呢？即使是一个新生婴儿也能激励父母有所表现。

当然，父母也激励孩子。当孩子感到自己被温暖、坚定的信念围绕，相信自己会做得很好时，实际上他能够做得更好。他放下防御、戒备，不再耗费精力来避免失败可能带来的伤害；相反地，他花费大量精力去争取成功可能带来的益处。他很放松。自信对他的能力有着重大影响，使他发挥得最好。爱迪生说："我母亲是我的榜样。"拿破仑·希尔本人也有过这样的经历。以下是他的回忆。

当我还是个小孩时就被当作坏人。每当牧场丢失一头母牛,一个水坝被破坏,一棵树被悄然砍倒,大家都怀疑是年轻的拿破仑·希尔所为。

我自己的母亲死了,我的父亲和兄弟们认为我不祥,我很坏。所以人们这样看待我。

之后有一天,我父亲宣布他要再婚。我们所有人都担心,不知道对方是什么样的女人。但我特别确定,我不可能从心里接受这个来到我们家的新母亲。终于有一天,这个陌生的女人走进了我们的家。我父亲让她用自己的方式来融入新家。她在房间里走来走去,兴高采烈地向我们每个人打招呼,直到她来到我身边。我笔直地站着,双手交叉在胸前,眼睛怒视着她,并不欢迎她的到来。

"这是拿破仑,"我父亲说,"山上最坏的男孩。"

我永远不会忘记我继母的举动,她双手搭在我肩上,诉说着她将永远珍视我,闪烁着光芒的眼睛直视着我,并说道:"最坏的男孩?一点也不,他是山上最聪明的孩子,我们要做的就是让他不再是坏孩子。"

我的继母总是鼓励我去实施那些后来证明是我事业支柱的大胆计划。我永远不会忘记她教给我最好的一课——通过给别人自信来激励他们。我的继母是我的榜样。她深沉的爱和坚定不移的信念激励我努力成为她眼中聪明的男孩。

你可以通过信任别人来激励别人。我们要正确地理解信念,它是积极向上的,而不是消极被动的。消极被动的信念,与其说是一种力量,不如说是一只看不见的眼睛。积极的信念会逐步脱离它的信念,并不害怕失败的风险,因为这种信念认为它会成功。

通过信任他人来激励他人时,你必须有一个积极的信念,并且对你的信念负责。你必须说:"我知道你会在这项工作中取得成功,我们在这儿等你……"

如果你对另一个人有这种信心,他就会成功。

现在我们可以用信来表达信念。事实上,一封信是表达一个人的想法和激励另一个人的最好工具。

一封信能使生活变得更好。任何人都可以通过信中的建议来影响对方的潜意识。当然,这个建议的作用取决于几个因素。

举个例子,假如你是一个家长,你的儿子或女儿已经不在学校学习,那么你可以完成那些看似不可能完成的事情,并抓住这个机会:(1)塑造你孩子的性格;(2)讨论你在谈话中可能会犹豫或从不花时间讨论的事情;(3)表达你内心的想法。

现在,口头给一个男孩或女孩提建议,他们可能不会轻易接受。因为谈话时所涉及的环境和情绪可能会产生影响。然而,对方会重视写得很仔细、很真诚的信中给予的建议。

销售经理用同样的方式写信给销售人员,可以激励他们打破所有以前的纪录。同样,写信给销售经理的销售人员也会从这种激励方式中获益。

写信时,我们要深思熟虑,从而把自己的想法具体体现在纸上。可以提出问题,引导接受者获取他们所需的信息。事实上,可以通过问一个问题来获得回信,或者像一个广告专家一样,学会用诱饵。这就是皮尔庞特·摩根所做的。

皮尔庞特·摩根证明了至少有一种方法可以让大学生们回信。他姐姐抱怨说她的两个上大学的儿子根本不会写信给家里。然而摩根先生说,他如果寄一封信,可以让孩子们立即回复。他姐姐要求他证明这一点,于是他给每个侄子写信,并立刻得到了他们的答复。

他姐姐很惊讶,问:"你是怎么做到的?"摩根把孩子们的回信交给了她,她发现这两封信都含有关于大学生活和家庭想法的有趣信息,每一篇的附言也都是相似的,附言写道:"你信里所说的十美元没有收到!"

以榜样为动力。一个成功的销售经理知道激励一个销售员最有效的方法之一就是在与他一起工作的同事中树立榜样。克莱门特·斯通启发了许多人,他讲述了自己如何培训一位住在爱荷华州苏城的销售员的故事。他是这样说的:

> 一天晚上,我在爱荷华州苏城听了我们的一个销售员两个多小时的牢骚。他不停地说他在苏森特工作了两天,却没有做成一笔交易。他说:"在苏森特卖东西是不可能的,因为那里的人是一个家族的,不会从陌生人那里买东西。此外,该地区的农作物已经连续5年歉收了。"
>
> 他在那里工作了两天,却没有完成交易,我建议我们第二天一起去苏森特销售。所以第二天早上我们开车去苏森特。在这里,我想证明那些使用我们公司系统、拥有积

极心态的销售人员可以毫无障碍地进行销售。

销售员开车的时候,我闭上眼睛,放松,沉思,并调整我的思维。我一直在思考为什么我应该并且愿意卖给这些人,而不是为什么我不愿意或者不能。

我是这么想的:他说他们是一个家族的,所以他们不会买。那太好了!这有什么好的?众所周知,如果你销售给这个家族中的一员,特别是一个领袖,那么你就可以销售给整个家族。现在我要做的就是和合适的人做成第一笔生意。即使要花很长时间,我也会去做。

他再次声称,该地区的农作物已经连续5年歉收。还有什么比这更好的呢?他们省钱的同时可以负责任,希望保护他们的家庭和财产。而且,事实上他们可能没有从任何其他保险销售人员那里购买意外保险,因为其他销售人员不会尝试。因为他们,就像给我开车的销售员一样,会有消极的心态。我们的政策是以最低成本提供优质的保障。实际上我找不到竞争对手!

然后我打了个盹。

当我们到达苏森特时,我们先拜访了由一个副总裁、出纳员和计票人组成的银行团队。20分钟内,副总裁购买了我们公司最愿意出售的保险产品,并且是全套产品。出纳员也买了一整套。但我永远不会忘记计票人,因为他不买。

从银行旁边的第一个营业点开始,我们开始系统地进行推销,一个商店接一个商店,一个办公楼接一个办公楼,我们拜访了每个企业中的每个人。

一件令人惊奇的事情发生了:那天很多人购买了全套保险产品。

为什么我能在另一个人失败的地方成功销售呢?事实上,我成功的原因和他失败的原因几乎完全相同。

他说这是不可能的,因为他们是一个家族的。那是消极心态。现在我知道他们会买,因为他们是一个家族的。那是积极心态。

他再次表示这些产品不可能出售,因为它们已经歉收5年了。那是消极心态。

现在这个销售员回到苏森特,并待了很长时间。每天对他来说都是一个创纪录的销售日。

这个故事告诉我们用榜样激励他人的价值,因为这个销售员在失败的地方也成功了,因为他学会了以积极心态工作。

成功销售的最重要因素是:(1)激励;(2)对销售技术的了解;(3)对产品或服务本身的了解。现在,这三个法则同样适用于任何商业或职业的成功。

在你刚刚读到的故事中,你可以假设在一开始销售员拥有销售知识和服务知识,但他确实缺乏最重要的激励因素。

在建议和自我暗示的基础上,你可以利用简单的技巧来激励自己和他人,具体如下。

1. 如果销售人员很胆怯,但工作要求他积极进取,那么做到以下2点。

（1）销售经理有理由指出"胆怯是自然的"。然后，他建议销售人员经常向自己陈述想要成为什么样的人。

（2）在这种情况下，销售员每天都会快速、频繁地重复以下几句话："要进取！积极进取！"如果他在一个须要采取行动的特定环境中有胆怯的感觉，现在就做！

2. 当销售经理发现他的手下中有一人不诚实时，他将与该销售人员谈话。如果想让他纠正错误，那么做到以下2点。

（1）销售经理会告诉其他人如何解决这一难题，并给销售员一本鼓舞人心的书。我们发现类似《我可以，我敢》这样的书特别有效。

（2）在这种情况下，销售员每天都会快速、频繁地重复下列话："说实话！说实话！"他会按照自我激励的方式行事："有勇气面对真相"或者"现在就做"。

此外，与阅读过《本杰明·富兰克林自传》的几十万人不同，你将立即使用富兰克林的方法来取得成功。与他们不同的是，你被赋予了完成事情的秘密：现在就做吧！

用富兰克林的方法来达到目的！是的，成千上万的人读过本杰明·富兰克林的自传，然而，他们没有学会如何使用书中的成功法则，但至少有一个人做到了——弗兰克·贝特格。

他借鉴那些适用于他的信息，但问题是他生意失败了。他正在寻找一个可以帮助自己的可行的、实际的致富方式。因为他知道自己在寻找什么，因而他发现了富兰克林的秘密。

富兰克林表示，他所有的成功和幸福都归功于一个想法：个人成就的方法。贝特格认识到并使用了它。究竟发生了什么事？他的那本激励人心的伟大著作告诉我们他如何从失败走向了成功。

现在，你为什么不用富兰克林的方法来衡量你的个人成就呢？如果你愿意的话，就可以。假设这本书的作者成功地激励你去使用这一个想法，你也会像贝特格一样从失败走向成功。又或者你不是一个失败者，那么你将通过使用富兰克林的方法获得你所追求的智慧、美德、幸福、健康或财富。

贝特格将他的目标写在13张单独卡片上。第一个题目叫"热情"，其中的自我激励是："要想热情，就要表现得热情。"作为伟大的教师和心理学家，威廉·詹姆斯已经明确表示：情绪不是服从于理性，而是服从于行动。

思想可以像行动一样有效地刺激情绪从消极变为积极。

"要想热情，就要表现得热情。"我们引导青年通过使用卡片来激发热情，进行自我激励，从而像贝特格一样从失败走向成功。我们叫一个学生到教室前面，给他上一堂他立刻就能学会的简单而有效的课。以下是教师和学生之间的对话：

你想感受到热情吗？

想。

接下来自我激励:要热情,要表现出热情。现在请复述一遍。

要热情,要表现出热情。

正确!这个计划的关键词是什么?

行动。

没错。让我们来解读这条信息,这样你就可以学习这条法则,并且能够将它与现实联系起来并融入自己的生活中。

如果你想忧郁,你会怎么做?

表现忧郁。

如果你想要热情,你会怎么做?

想要热情,就要表现得热情。

紧接着我们指出,你可以把这种自我激励与任何理想中的美德或个人目标联系起来。

我们以正义为例,一张卡片写道:"想要公正,就要公正行事。"

教师继续分享。

记住,当你接受别人的想法时,它就会成为你的想法,供你使用。你拥有它!现在我要你用热情的语气说话。我要你表现得热情些。要想热情地讲话,就要做到以下几点。

1.大声说话!如果你情绪不好,或者站在观众面前的时候内心慌张,又或是特别紧张时,这样做尤为必要。

2.说话快速！当你这样做的时候，你的大脑会更快地运转。

3.强调！强调对你或你的听众很重要的词。

4.停顿！当你说话很快的时候，书面有句号、逗号或其他标点时就要停顿，你运用了沉默的戏剧性效果。听你说话的人就会跟着你的思路，在你想强调的一个词后停顿会增强强调的效果。

5.保持微笑！这样在你大声而迅速地说话时，就会避免态度粗暴。

6.变调！当你要长时间讲话时，这一点很重要，如果你愿意的话，你可以间歇地转换音调。

现在就做！您已经阅读了本杰明·富兰克林使用的13条法则，并且告诉你，积极的心态是17条成功法则中的第一条。

此时此刻，你的行动将最终证明你可以激励自己。你可以！如果你有目的地激励自己，你会发现很容易激励别人。

既然你知道如何激励自己和他人，你就准备好接受财富城堡的钥匙了。下一篇文章回答了这样一个问题：获得财富有捷径吗？

指导思想回顾 10

1.在整个人生中你扮演着双重角色，你激励他人，同时他人也激励你。

2.通过向别人展示你对他们有信心,激励他们对自己有信心。

3.一封信能让生活变得更好。

4.以身作则,激励他人。

5.当你想激励自己时,可以用一本鼓舞人心的书。

6.如果你知道什么能激励一个人,你就可以激励他。

7.通过建议激励他人,通过自我建议来激励自己。

8.虽然你的情绪并不总是服从于理性,但它们服从于行动。

9.要变得热情,就要表现出热情!

10.积极说话,克服胆怯和恐惧:(1)大声说话;(2)说话快速;(3)强调;(4)停顿;(5)保持微笑;(6)变调。

11.从"培养一种积极心态"开始,现在就做!

第三部分　打开财富之门的钥匙

显而易见的是，人们往往被迫接受生活所给予的一切。请记住，你的思想及自我评价决定了你的生活。如果你有一个值得为之努力的目标，那么请找到一个能做到而非一百个做不到的理由。

致富有捷径吗

致富有捷径吗?

捷径的定义:比常规方法更直接、更快速地实现目标的方式,该方式比普遍采用的方式更直接,更快。

那些走捷径的人目标明确,知道这条路是最快直达终点的。但是他们也须要坚持走下去,无论艰难险阻,都不能停歇,否则根本无法抵达目的地。

本书罗列了 17 条成功法则:

1. 积极的心态;
2. 明确的目标;
3. 加倍地付出;
4. 正确的思考模式;
5. 自律;
6. 大师心智;
7. 信念;
8. 迷人特质;
9. 个人主动性;
10. 激情;
11. 专注力;

12. 团队合作；

13. 从失败中学习；

14. 创意；

15. 合理规划时间和金钱；

16. 保持健康的体魄；

17. 养成好习惯。

我们为什么要重复这17条成功法则呢？

因为我们要指明成功的捷径，希望你能采纳。

如若你走上了这条捷径，就必须以积极的心态思考，有了积极的心态，你才能运用这些成功法则。

"思考"是一个标志性的词，思考能够决定你是谁。

你是谁？

你的遗传、环境、身体、意识和潜意识、经历等塑造了现在的你。

当你以积极心态思考时，你就能对此加以利用、控制，并使自身与之相协调。

所以，致富的捷径可以用这些字总结："积极心态，思考致富！"

指导思想回顾11

1. 致富的捷径：积极心态，思考致富！
2. 你相信你能做到，你就能做到。

做一个吸引财富的人

你无论是谁,年龄、受教育水平和职业如何,都能吸引财富或者排斥财富。所以我们才会说:"吸引而非排斥财富。"

本文将会告诉你如何赚钱。你想变得富有吗?实话实说,你当然想。难道你害怕变得富有吗?

也许你生病了,所以并未想过争取财富。如果你真的是这种情况,那么你须要回顾一下第一部分中米洛·C.琼斯的经历。

或许,你是正在就诊的病人,但你仍可以像乔治·斯蒂芬克那样通过学习、思考和时间规划吸引财富。

即使在病床上,也不能停止思考!一次又一次地研究那些成功人士的职业生涯时,我们发现,成功起源于拿起励志图书时,所以永远不要低估一本书的力量。图书就像工具,是我们的灵感之源,它不仅能让你大胆探索,还能够照亮工作中那些黑暗的岁月。

乔治·斯蒂芬克在海恩斯退伍军人医院接受康复治疗,他偶然发现了思考的价值。治疗期间,他其实已经身无分文,但他有很多时间用于阅读和思考。于是,他阅读了《思考致富》这本书,并且做好了思考和致富的准备。

他想到了一个主意。乔治知道,许多洗衣店利用纸板辅助折叠新熨烫的衬衫,为了保持衬衫笔挺无褶皱。乔治写了好几封询问信件后，得知这些辅助的纸板每1000个花费4美元。而他打算以每1000个1美元的价钱出售，不过每个纸板上都要自带广告。当然，广告商支付广告费用，这样一来，乔治就能大赚一笔。

有了这个念头之后，乔治就尝试让其计划运转起来。离开医院后，他就开始了行动！

因为他对广告行业从未有过了解，所以问题就来了。但最后，他成功地研发出了一套营销技巧，别人称之为"尝试和错误"，我们更愿意称之为"尝试与成功"。

乔治依旧保持了在医院养成的习惯，每天都学习、思考和制订计划。

乔治的业务量日渐增加，但他决定通过提升服务增加销量。当时，洗衣店的顾客把纸板从衬衫里取出后，大多随手扔掉。

当时，他就自问："有没有办法让顾客保留这张带有广告的纸板呢？"

他做了什么呢？在纸板的一面，他继续印刷黑白或彩色广告；另一面则印上一些新颖的东西，比如孩子们的小游戏、美味食谱或者全家适宜的有挑战性的填字游戏。乔治告诉我们，有人抱怨洗衣开支突然莫名其妙地上涨了，后来他发现原来是家人为了获取纸板上的食谱，竟然把不用洗的衣服送去了洗衣店。

但乔治并没有止步于此，雄心勃勃的他希望进一步拓展业务。他又问自己一个问题："怎么做呢？"后来他找到了答案。

乔治把从洗衣店赚取的利润的千分之一捐赠给了美国洗衣业协会。作为回报，该协会推荐麾下的所有成员及商家使用专门印有乔治·斯蒂芬克制作的广告的纸板。

因此，乔治对此有了重大发现，即给予的美好事物越多，收获越多。

那些用于全心全意思考的时间为乔治带来了可观的财富。他明白，要想走上致富的道路，腾出单独的时间用以思考至关重要。

因为安静思考的状态下，我们往往会有不错的想法。不要错误地以为只有不停地行动对你才有意义，不要觉得花时间思考是浪费时间的事情。因为思考是人类创造事物的基础。

当然，你没有必要非得去医院阅读励志图书。另外一点，你仅仅需要投入1%的时间用于学习、思考和制订计划，目标实现的速度就会很惊人。

一天有1440分钟，把其中1%的时间用于学习、思考和制订计划，你就会惊讶于这十几分钟所带来的成就。你会惊讶地发现，一旦养成这种习惯，不管是做饭的时候，抑或在乘车或者洗澡的时候，你的脑海随时随地就会闪现很多具有建设性的想法。

一定要使用迄今为止发明的最好但最简单的工具——托马斯·爱迪生这样的天才所使用的工具——笔和纸。爱迪生手边总是放着纸和笔，你也应该如此，随时记录产生的想法。

吸引财富的另一个方法是要学会设立你的目标，这一点非常重要。即便人们意识到目标设立的重要性，却很少有人能够真正地知道如何设立目标。

四件事须要牢记心间。

（1）写下你的目标。这样你的想法就会具体化。

（2）设定截止日期。指定目标实现的时间，这一点很关键，能够激励你朝着目标不断努力。

（3）标准要高。目标实现的难易程度与动机有着直接的关系。我们已经知道了如何激励自己，明白了如何激励他人。

你的目标设立得越高，通常来说，就会更加专注地为之努力。

如果我们设立的目标很高，短期和中期目标就会产生，帮助我们最终成功。

这一过程会引发你的思考！如果持续坚持做现在的事情，10年后，你会成为什么样的人？

（4）目标要高。很奇怪的一点是，相比于忍受苦难和贫穷，设立更高的生活目标、追求富裕的生活并不是件难事。

> 我为了一分钱跟生活讨价还价，
> 而生活却摇头作罢。
> 我在晚上乞讨，
> 看着自己空空的钱包。
>
> 生活是你的老板，
> 你跟他要饭碗，他给你铜板。
> 但是，一旦答应去干，

你就要好好把活儿做完。

我的老板是个铁公鸡，
但是有件事让我惊讶不已。
无论我向生活索要多少，
他从不克扣一点一滴。

显而易见的是，人们往往被迫接受生活所给予的一切。虽然自始至终规划好自己的目标是有必要的，但这并不总是行之有效。因为对于宏伟计划和漫长旅程中的所有问题，我们不可能一一排查，毫无漏洞，所以无法做到有付出就有回报。但是如果你知道自己目前身在何处，将要去向何处，那么就从这里起程吧，斗志昂扬，一步一个脚印，实现你的所想所愿。

迈出第一步。重要的是，设定目标后要采取行动。近日，查尔斯·菲利普夫人——一位63岁的奶奶，决定从纽约市徒步走到佛罗里达州的迈阿密。最终，她成功了。在迈阿密，她接受了记者的采访。他们想知道这么长的徒步旅行，为什么她毫无畏惧？她是如何鼓起勇气徒步完成这么长的旅程的？

"迈出第一步并非难事，"查尔斯·菲利普夫人回答道，"我就是迈出了那一步，然后又迈出了一步，紧接着再迈一步，再走一步……就到了这里。"

你必须得迈出你的第一步。学习和思考的时间长短并不重要，重要的是你要采取行动，否则毫无用处。

积极的心态吸引财富，与之相反的是，消极的心态排斥财富。

以积极的心态行事,你就会不断尝试直到收获期望的财富。或许,你一开始拥有着积极的心态,迈出了第一步,但是因为消极心态的影响,你止步了。或许,你无法应用17条成功法则中的任何一条。下面是一个很好的例子。

故事的主人公叫奥斯卡。在1929年的下半年,他在火车站焦急地等待着开向东部的火车,估计还要等上几个小时。其实,他在温度高达43℃的西部沙漠待了已有数月,怀着期望,他在那里勘探石油。总体来说,一切还算顺利。

奥斯卡毕业于麻省理工学院。据了解,他把探矿杖、电流计、磁力计、示波器和无线电管等仪器整合成一种仪器,用于探测石油储量。

不过在当时,奥斯卡收到消息称,公司总裁把大量的资金投入了股市,股市却于1929年下半年崩盘,所以目前公司资不抵债,面临破产。也就是说,奥斯卡失业了,不得不打包行李回家,前途一片渺茫。

这对他来说影响巨大。

不得已要在车站等上数个小时,为了打发时间,他决定调试一下他的仪器。仪器的读数很高,预示这里油量很大,一想到这里,他一气之下就踢坏了这个仪器。

要知道,当时的奥斯卡多么垂头丧气。

"这里不会有这么多的油量!这里不会有这么多的油量!"他一遍一遍地重复道。

的确如此,当时的奥斯卡充满了挫败感,被自己的消极心态完全操控。但是，机会就在眼前，只需一步就能成功。因为消极心态蒙蔽了他的双眼，所以他完全看不到希望。

他对自己发明的仪器失去了信心。如果是在积极心态的调控下，他会变成一个吸引而非排斥财富的人。

信念是 17 条成功法则之一。

消极心态作用下，奥斯卡认为之前的信念是错误的。你可以想象：大萧条使很多人陷入恐惧，奥斯卡就是其中之一。尽管他很努力，为工作做出了许多牺牲，也没有犯什么错误，但依旧失业了。奥斯卡对公司总裁一直很敬重，但是就是这个他一直敬重的人挪用了公司的财产，才造成今天的局面。那个过去证明自己价值的探测仪器也变得毫无用处了。因此，奥斯卡变得愁容满面，没精打采。

奥斯卡来到俄克拉荷马城的火车站，意味着他将把探测仪器抛诸脑后，放弃美国最大油田的勘探工作。

不久后，人们在俄克拉荷马城果然发现了很多油田。而奥斯卡成了这两条法则活生生的反面案例。

低薪水的人也能获得财富。那么你可能会说："你所说的关于积极心态和消极心态的一切，只对那些百万富翁行之有效。我没有兴趣成为百万富翁。当然，我想获得安全感，我想在某一天退休的时候，赚的钱能够让我过上不错的生活，能满足生活的需要。如果我只是个小职员，我该怎么办？如果我收入微薄，该怎么办？"答案在下文。

即使如此，你也能获得财富，也能过上有安全感的富足生活。即便如你所说,你对赚钱没有兴趣,你也能腰缠万贯。只要让积极心态发挥作用,对你施加影响。

我们会证明这种说法的正确性。

出于某些原因,你可能对这种说法不那么信服,那就读一读《巴比伦最富有的人》(*The Richest Man in Babylon*),然后迈出你的第一步,只要不懈努力,你终会得到梦寐以求的经济保障。奥斯本先生就是这样做的。他属于普通的工薪阶层,却实现了自己的财富梦。

多年前,他退休时曾说过:"现在,我既能使钱生钱,又能做我想做的事。"

再重申一遍,奥斯本使用的法则很明显但常被人忽视。

读《巴比伦最富有的人》这本书时,奥斯本发现了一些获取财富的方式。

(1)每赚取1美元,存下10美分。

(2)每隔6个月,把你的部分积蓄、银行利息和公司分红用于投资。

(3)投资时,问一问专家的意见,寻求稳妥的投资方式,这样就不会冒着风险背离初衷。

重复一遍:奥斯本先生就是这样做的。好好想一想吧。你每赚1美元,存下10美分,然后通过稳妥的投资,就能获得经济保障。

什么时候开始呢?从此刻做起!

我们先将奥斯本的经历与另一位智者作一对比。他身体健康，读过一本励志图书，见到拿破仑·希尔的时候，已有50岁。

他微笑着说道："很多年以前，我读过你的《思考致富》，但现在我还是不富裕。"

希尔付之一笑，严肃地说道："你本可以富起来。未来就在眼前，你必须时刻做好准备。这样的话，机会来临之时，你就能抓住，但前提是你必须有积极的心态。"有意思的是，这个人听取了希尔的意见。虽然仍不富裕，但他抱有积极的心态。就这样，他逐步走上了致富的道路。可以佐证的是，他之前负债累累，现在已经一一还清，还能用手头上存下的钱做投资。

如果你拥有一台绝佳的相机和适合的胶卷，深谙不同情况下完美照片的拍摄技巧，另外一个人用你的相机拍出了绝佳的照片，你的照片却一团糟，这是相机的问题吗？

或许是因为你熟知技巧却没有花时间好好钻研？抑或你钻研了这些技巧却未使用它们？又或者你读了一本足以改变你的人生的书，却没有腾出时间对这些东西消化理解、学以致用？

现在开始学习还为时不晚。

如果你之前还没来得及学习，不妨现在就开始吧；如果你没有专业技能，就不会处于不败之地；如果你没有运用这些技能，你也不会一直成功。所以，花点时间好好理解和运用本书吧。积极心态将会助你一臂之力。

请记住，你的思想以及自我评价决定了你的心态。如果你有一个值得为之努力的目标，那么请找到一个能做到的而非一百个做不到的理由。

以积极心态达成目标，常用的法则就是：目标明确，立即行动。另外一个成功法则是：付出加倍的努力。克莱门特·斯通接下来讲述了相关的经历。

4月的某一个晚上，我拜访了墨西哥城的弗兰克和克劳迪娅·努南，克劳迪娅说："我要是能在佩吉格尔区安家该有多好啊。"（这是墨西哥人最向往的宜居之地。）

我问道："为什么不行呢？"

弗兰克嫣然一笑，回答说："我们没有钱啊。"

"既然你知道自己的目标，有没有钱重要吗？"我问他们，紧接着还没等他们回答，我又开始提问，这个问题我可能也会问你。

"我想问一句，你们读过诸如《思考致富》《积极思考的力量》《我能》《你敢挑战吗？》《应用想象力》《点亮生命的灯塔》《钻石之地》及《信念的魔力》诸如此类的励志图书吗？"

回答是"没有"。

于是我告诉了他们这几个人的经历：那些人知道自己想要什么，阅读励志图书，领会书中的旨意，付诸行动。

另外，我告诉他们，几年前，我根据自己的情况购置了一套价值3万美元的房子——首付是1500美元，其余按揭贷款。我答应给他们推荐一本书，并送给他们。我做到了。

弗兰克和克劳迪娅·努南做好了成功的准备。

接下来的12月份,我正在图书馆看书,忽然接到克劳迪娅的电话,她说:"我们已经到了墨西哥,第一件想做的事就是表达我和弗兰克的谢意。"

"谢我什么?"

"我们在佩吉格尔区安家了,多亏了您的建议。"

几天之后,我们坐在一起吃晚饭,克劳迪娅说:"一个周六的下午,我和弗兰克正在家里休息。几个美国朋友打电话问我们能否载他们去佩吉格尔区。

"恰巧当时我们已经疲惫不堪。我们一周前已经载他们来过这里,弗兰克叫苦连天,准备拒绝,脑海中突然浮现出书中的一句话——再努力一把。

"载他们去这个人造的地方后,我看见了梦想的家园——这里还有我期待已久的游泳池。(克劳迪娅曾是游泳冠军。)

"弗兰克买下了这栋带游泳池的房子。"

弗兰克说:"你可能想知道,那栋房子要价50万比索,我当时只有5000比索。在这里安家,开支要比原来的少。"

"这是为什么呢?"我惊讶地问道。

"我们贷款买了两栋房子,而不是一栋。把其中一栋房子租出去,所得租金足够整个家庭的开销。"

一个家庭购置两套房子,一套自住,另一套出租,这种现象再常见不过。让我们惊讶的是，一个毫无此类经验的人怎么能如此轻易实现目标？只是因为领会了励志图书中的成功法则，并将其学以致用。

我们想表达的是"积极心态吸引财富"。你可能会说："钱才能生钱，我又没有钱。"这其实是种消极心态。如果你没有钱，就学会利用别人的钱生钱。下一篇文章中会涉及这些内容。

指导思想回顾 12

1. 积极心态助你成功。你若读了这本书但还是未成功，问题出在哪里呢？

2. 你可以拥有梦想的家园！就像弗兰克和克劳迪娅一样。

3. 即使在病床上，也不能停止思考！但是你也没有必要非得在医院养成学习、思考和制订计划的习惯。

4. 学会如何制定目标：(1)写下你的目标；(2)设定目标的截止日期；(3)目标的标准要高。

5. 迈出第一步。

6. 测试信念的方式——是否在最需要的时候，运用信念解万难。

7.《巴比伦最富有的人》——这本书给你提供了以下走向成功的方式。

（1）每赚 1 美元，存下 10 美分。

（2）每隔6个月，将你的部分储蓄、银行利息和投资分红用于投资。

（3）投资之前，向专家咨询稳妥的投资方式。

没有资本，怎么办？巧用他人的钱生钱

"做生意？其实很简单，就是巧借他人的钱生钱！"亚历山大·仲马在他的戏剧《金钱问题》（*The Question of Money*）中如此说道。

的确就是这么简单——合法合规地巧借他人的钱生钱，这就是致富的途径。本杰明·富兰克林、威廉·尼克森（William Nickerson）、康拉德·希尔顿（Conrad Hilton）和亨利·J.凯泽（Henry John Kaiser）就是这样做的。如果你很富有，大多也曾用过同样的方式。

但是，如果你此刻并不富裕，那就读一读这些不成文的法则吧。事实上，不管你是贫穷还是富裕，都有必要了解这些不成文法则、老生常谈的话和自我激励语。合法合规地巧借他人钱生钱的基本要求是：你对自己有很高的道德要求——正义凛然、尊重他人、诚实守信、忠贞不渝、信守承诺，并能将这些道德标准用于生意场上。

不诚信的人没有资格贷款。

"合法合规地巧借他人的钱生钱"的意义：投资人把钱投给你，你就要信守约定，不仅要全额偿还本金，还要给予他们可观的回报。

如果一个国家缺少信用体系，其发展就会停滞不前；但是如果一个国家有良好的信用体系，就会推动社会的快速发展，创造可观的财富。

当今，如果个人、公司及国家没有信用体系，抑或没有使用信用体系谋取发展，那就失去了成功的重要砝码。因此，要想成功，就要听取本杰明·富兰克林这种成功人士的建议。

1978年，富兰克林写了《给一位年轻商人的忠告》。这本书探讨巧用他人钱生钱的方式，内容如下：

"请记住，钱具有多产性。钱能创造更多的钱，源源不断，日益增加。

"请记住，每天节省4便士，一年就可以存6英镑。借助于这些钱（每天很可能无意中就浪费掉了），有信誉的人最少可撬动100英镑。"

富兰克林所述折射出了一个观念。时至今日，他的建议仍然有效。你可以从几美分起步，抑或通过借贷，从500美元起步。往更大的方面说，你也可以从百万美元起步，康拉德·希尔顿就是这样做的。他享有很高的信誉度。

希尔顿酒店集团借贷2500万美元，为旅客建造豪华的汽车旅馆。集团拿什么做抵押呢？其实，大多数都是仰仗希尔顿诚信的好名声。

诚信弥足珍贵，无可替代。与人类的其他德行相比，诚信是最深入本质的。诚信抑或不诚信，都会通过你的言行举止表现出来，而且大多时候，对方从你的面部就能快速加以辨别，判断你真诚与否。另外，不诚信之人的语音和语调、面部的表情和细微的言谈举止就会将其出卖。

诚信与声誉，信誉与成功，在生意场上相互交织。但是诚信是基础，如果一个人没有诚信，何谈声誉、信誉和成功？

威廉·尼克森也是一位享有信誉和声誉的人，他发现"钱能生钱，日益增加"。他在书中讲述了这一点。从书名中就能看出他的想法。

尼克森的书主要讲述的是在房地产界合法合规地巧借他人之手，使钱生钱的办法。书中的方法也适用于用他人钱财投资赢利的模式。

这本书就是《我是怎么将1000美元变成100万美元的》(*How I Turned $1000 into a Million in Real Estate in My Spare Time*)。

尼克森说道："随便找一个百万富翁，我就能向你证明他也是巧借他人钱生钱之人。"为了证明他的言论，他列举了几个富翁的事例，比如亨利·凯泽、亨利·福特。

我们将要谈到的查理·萨蒙斯就是凭着银行借贷，一步步发展起来的，10年来，他拓展了4000万美元的业务。但是，在我们这么做之前，先来谈一谈借钱之人。是谁把钱借给诸如康拉德·希尔顿、威廉·尼克森和查理·萨蒙斯等有需要之人的呢？

银行业者就是你的朋友。银行主营的业务就是发放贷款，向有信誉的人发放的贷款越多，银行自身就赚得越多。商业银行贷款主要用于经济投资。因此，借钱购买奢侈品是不值得推崇的。

银行业者是专家。更重要的是，银行业者也是你的朋友，他们希望能够帮助你，渴望看到你获得成功。因为银行业者精通金钱业务，所以最好听听他们的建议。

对于那些有判断力的人来说，永远不要低估借贷和银行业者的建议的作用。正是因为合法合规地巧借他人钱生钱和完美的计划，再辅以成功法则之积极主动性、勇气和良好判断力，所以这个普通的美国男孩——查理·萨蒙斯得以走上致富的道路。

来自达拉斯的查理·萨蒙斯的身价达数百万美元。但是，在其19岁的时候，经济状况并不比那些同龄人好。他只不过从以往的生活中省出了一些钱。

查理每周六都会定期到银行存钱，一位银行工作人员注意到了他。这位银行业者觉得：这是个有想法和能力的男孩，因为他真正懂得金钱的价值。

因此，当查理决定自己创业，做买卖棉花的生意时，这位银行业者愿意提供贷款给他。这就是查理第一次借贷的经历。但是正如你所想，这种借贷经历不是最后一次。他深知其中的道理，后来再次证实：

银行业者是你的朋友。

大约一年半的时间里，做了棉花买卖的生意后，他又转战买卖马和骡子的生意。也就是在那个时候，他学到了很多关于人性的知识。

基于对人性的理解和金钱的认识，查理形成了正确的人生理念，这是成功人士抑或将要走向成功之人该有的理念。早期，查理就学习到了这种理念，此后从未忘记，一直扎根在心中。

这一理念就是：要拥有良好的判断力。

马和骡子的生意经营几年后，有两个人找到了查理，希望查理能够为他们工作。这两个人在保险销售方面取得了巨大成功，因而享有盛誉。他们之所以找到查理，是因为从失败中吸取了教训。

多年来，这两位推销员销售人寿保险一直很成功，因此想要创建自己的公司。他们确实是不错的销售员，但是在业务管理方面一团糟。

不过，他们吸取了教训，虽然代价颇高。在他们找到查理之前，其中一名销售讲述了他们失败的经历。

"虽然我们的公司破产了，我们俩也已经用之前卖保险获得的钱填补了损失，但是生活还得继续，我们还要不断为之努力。可能这需要很长的时间，不过我们已经做到了。

"我们知道自己是优秀的推销员，而且也明白我们应该发挥销售专长。"他犹豫了一下，看着这个年轻人的眼睛继续说道：

"查理，你是个脚踏实地的人。你有很好的判断力，我们需要你。我们联合起来，一定可以成功。"

他们果真成功了。

利用一份商业计划书加上他人的钱，他们做成了4000万美元的生意。几年后，查理·萨蒙斯收购了他和这两个人组建公司的所有股权。他是怎么得到这笔钱的呢？使用别人的钱再加上自己的积蓄。他从哪里得到需要的这么一大笔钱？当然，他是从银行借来的。还记得吧，他早就领悟到，有个在银行工作的朋友。

那一年，他的公司年度保费额将近40万美元，这位保险业高管终于找到了苦苦找寻且期盼已久的成功扩张方案。

他做好了成功的准备。

正是这个成功的方案，加上别人的钱，让他在短短的一年里实现了4000万美元的保费额。查理见证了，芝加哥的一家保险公司通过"潜在客户"成功制订了销售计划。

多年来，销售经理一直通过潜在客户推动新业务的发展。如果有充足的潜在客户信息，通常来说，销售人员的收入会很高。"潜在客户"即了解过产品信息，对该产品有购买欲望的人。这些潜在的客户通常是看了某些广告，才对产品产生了购买兴趣。

也许，从以往的经验中可知，本性使然，许多推销员都害怕将产品卖给那些素未谋面或者没有事先联系的人。但是正是由于这种恐惧感，他们浪费了大量时间在其他方面，却没有投入时间抓住那些潜在客户。

即使作为一个普通的推销员，受到激励后也会联系更多的潜在客户。因为他们知道，即使没有销售经验，没有接受专业的销售培训，只要他们手里有潜在客户，也能够卖出去不少。另外，他们有潜在客户的地址和联系方式，还知道那些他们即将拜访的客户对自己的产品有购买倾向。

知道了这一点，再将产品卖给事先没有任何联系的人，他们就不会那样害怕。一些公司就是通过此类潜在客户构建整个销售计划。广告就是获取潜在用户的途径。

但广告须要花钱。

查理·萨蒙斯知道有一家银行会认同他的想法，所以他知道该去哪里筹钱。因为众所周知，这家银行帮助了得克萨斯州的建设。所以，把钱借给像查理·萨蒙斯这样既正直又有规划和实施方案的人，是这家银行的主营业务。

虽然有些银行从业者确实不会花时间了解其客户的业务，但银行的奥兰·凯特却会。查理向他们解释了他的计划，结果，他得到了无限制的贷款，足以让他通过潜在客户建立其保险业务。

正如你所见，得益于美国的信用体系，查理·萨蒙斯才能够开办人寿保险公司。基于这种信用体系，在短短的10年里，查理的公司保费规模从之前的40万美元一跃攀升到4000万美元。另外，他借助贷款投资了酒店、办公楼、制造厂和其他几家得克萨斯州的企业，并拥有相应的控股权。

但是借他人钱财投资，没有必要非到得克萨斯州。克莱门特·斯通就是拿借贷的钱，收购了一家估值160万美元的保险公司。他是在巴尔的摩做成这笔生意的。

如何用借贷的钱收购估值160万的这家公司呢？他对收购过程的描述如下：

> 那年的年尾，我正在学习、思考和规划时间。在这过程中，我毅然决然地规划了明年的主要目标，即拥有一家跨州运营的保险公司。我还设置了目标完成的期限——明年的12月31日。

我清楚地知道自己想要什么和目标的截止日期，却不知该如何加以实现。但是我认为这并不重要，因为我肯定会想到办法。那时我就在想，我必须找到这样一家保险公司，符合我的以下要求：(1)具有出售意外险和医疗保险的许可证；(2)具有能在各大州之间运营的许可证。基于以上想法，我此刻并不须要建立什么业务，只需要一辆车来帮我搜罗这样的公司。

当然，这还是钱的问题。那么问题出现的时候，就得去面对。虽然我遇到了钱的问题，但是作为一个职业的销售员，我还是有办法解决问题的。因此，在我亟须用钱的情况下，我想到了三方交易的办法，即签署收购公司的合同，再将收购的公司抵押给某些大企业。其他的保险公司都在夜以继日地建立自己的业务系统，但是我不须要这样做。因为只要我有车，我就能凭着已有的经验和能力，包揽意外险和医疗保险的业务。关于这一点，我已经通过美国保险销售系统的构建加以证明。

我让全世界的人都知道了我的所想所愿。遇到可能会给予我信息的业内人士时，我都会向他述说我的计划。

乔·吉普森——超额保险负责人——就是这样的人，我碰巧遇见他，就告诉了他我的计划。

因为我有这个远大的目标，也做好了准备，所以新年伊始，我就满腔激情。一个月过去了，两个月过去了，六个月过去了，眼看十个月都已过去。虽然我已经竭尽所能搜罗理想的公司，但仍旧没有找到满足我的两个条件的公司。

于是，10月的一个星期六，我坐在办公桌前，把工作文件统统放到一边，开始学习、计划和思考。我看了看今年的目标清单，基本已实现，但只有一个目标——也是很重要的一个目标——未能实现。

只剩两个月了，我对自己说，方法肯定会有的。虽然我不知道什么具体方法，但我相信肯定能找到它。因为我从未有过这样的念头，即我的目标无法实现，抑或不能在指定的时限内完成。所以我暗暗地下定决心，办法一定会有的。

果然，两天后，令人意想不到的事情发生了。我依然坐在办公桌前，但这次我正忙于工作，这时电话突然响起来，打断了我。我拿起电话，只听见有人说："你好，克莱门特，我是乔·吉普森。"我们的谈话时间很短暂，但我永远不会忘记。

"我想你应该对这个消息感兴趣，巴尔的摩的商业信贷公司可能会清算宾夕法尼亚的一家保险公司，那家公司亏损严重。想必，你知道这家亏损的保险公司是商业信贷公司的子公司。下周四，总公司要在巴尔的摩召开董事会会议。目前，这家宾夕法尼亚保险公司的业务正交由总公司旗下的其他两家保险公司负责。总公司的执行副总裁是奥尔海姆。"

我先向乔·吉普森表达了真挚的谢意，之后又问了一两个问题，最后挂了电话。几分钟后，我的脑海中出现了这样的念头,即如果我能构想出一个计划,让总公司能够快速实现目标,比他们提出的方案更具有可行性,那么说服这位副总裁接受我的计划,显然这不是很困难。

我不认识副总裁奥尔海姆,所以是否给他打这个电话使我犹豫不决,但我觉得在这个时候,效率至关重要。两句自我暗示语激励我拨通了电话:

"只要尝试了,就没什么可失去,说不定还能成功。""不管你用什么方式,尽管去尝试,现在就开始吧!"

我不再那么犹犹豫豫,拿起电话,按下这个长途号码,拨通了巴尔的摩的奥尔海姆的电话。"奥尔海姆先生,"我微笑地说道,"我要告诉您一个好消息!"说完我就开始自我介绍,并向副总裁说明我对于宾夕法尼亚的这家保险公司的计划实施方案,保证能够以更快的速度实现总公司的预期。随后,我提议在明天下午2点,在巴尔的摩进行面谈。

第二天下午2点,我和我的律师 W. 拉塞尔·阿林顿会见了奥尔海姆先生和他的同伴。

这家宾夕法尼亚保险公司完全满足我的要求,该公司具有能在35个州运营的许可证,而且没有抵押,因为该公司把业务承包给了其他公司。通过双方的交易,这家商业信贷公司很快实现了之前的预期,把公司卖给了我,另外我还为运营许可证支付了2.5万美元。

目前该公司拥有160万美元的流动资产——可转让证券和现金。我如何能拿到这160万美元?巧用别人的钱。

奥尔海姆先生问道:"这160万的流动资产怎么办?"

关于这一问题,我早已做好准备,所以立即回答道:"你们商业信贷公司的业务就是贷款。所以我打算从您这儿贷款160万美元。"

我们都笑了,然后我继续说道:"这对您来说有百利而无一害。我会用我所有的积蓄作为抵押,当然也包括我即将收购的这家公司。我还会支付贷款的利息,帮助贵公司迅速而果断地解决目前的问题。"

我停顿了一下,奥尔海姆先生问了另一个非常重要的问题:"您如何偿还贷款呢?"

这个问题,我也想好了答案。我回答道:"60天内,我会偿还所有的贷款。您看,宾夕法尼亚州保险公司有35个州的意外险和医疗保险销售许可,所以我的运营成本不会超过50万美元。由于我全资拥有公司,那么我需要做的就是将宾夕法尼亚州保险公司的资本从160万美元缩减到50万美元。这样一来,作为公司唯一的股东,我将得到110万美元,然后我就可以拿这笔钱偿还部分贷款。"

随后,奥尔海姆先生又问了我一个问题:"那您计划如何偿还剩余的50万美元?"

关于这个问题,我已经准备好了答案。我说道:"这并非难事。我可以向银行借贷50万美元支撑宾夕法尼亚州保险公司的业务需要,用我的其他资产作为抵押。"

我和我的律师阿林顿先生于下午5点离开了商业信贷公司的办公室,这笔交易已经达成。

这个经历恰巧详细地说明了如何通过借他人的钱财实现自己的目标。如果你回看本书，你就会明白该如何运用这里所提到的法则。

虽然这个故事表明了如何借别人的钱帮助自己，但有时候借贷也是有害处的。

过度借贷是导致焦虑、沮丧、没有幸福感和不诚信的主要原因。

让我们把目光转向这种情况——债权人主动借出贷款。债权人会把钱借给那些他认为值得信赖的人，但是有些人辜负了这种信任，做出了不诚信的行为。他们会借钱购买商品，却无意偿还贷款抑或无法还清全部贷款。

同样，一个人，如果没有偿还贷款，抑或没有偿还商品的赊账，即使有各种各样未能按时还款的原因，都是一个不诚信的人。

那些具有积极心态的人会勇敢地面对现实。当他未能按时还款时，他会提前主动联系债权人说明情况。同时，经过双方的一致同意，他会提出满意的解决方案。最重要的是，不管任何情况，他都会竭尽所能偿还贷款，直至全部还清。

具有判断力的人不会过度借贷。

而缺乏判断力的人则会不加限制地借贷和赊账。一旦无法偿还贷款，消极心态使然，他就会变成不诚信的人。他可能还会有这种感觉——身处无望之地，束手无策。消极心态下，焦虑感、恐惧感和失落感都会一拥而上，扰乱他的生活。

这种状态会一直持续，除非他拥有积极心态，这种心态足以使他偿还所有的贷款。

实际上，过度借贷还会影响身心健康，受到道德审判。

但是，使用他人的钱生钱一直是诚实的穷人致富的手段。金钱是企业走上成功的重要因素。

一位年收入超过 35000 美元的年轻销售经理写道："我有这种感觉：如果一个人的面前摆着一个保险箱，里面装满了财富、幸福和成功，而这个人却忘了密码中的一个数字。就只是一个数字啊！知道了这个数字，就能打开保险箱，拥有里面的一切。"

贫富之间的差距仅仅在于各种法则的使用，可能就因为一个法则未能使用，差距会就此拉开。

另一个人的经历可以说明这种情况，他在创业之前，曾是一名知名的化妆品生产商。

在他的创业过程中，伦纳德·拉文和许多白手起家的人一样，遇到了很多问题。从后面的故事中可以看出，这是个好迹象。之所以说这是个好迹象，是因为伦纳德·拉文要想解决问题，必须勤加学习、思考、制订计划和努力工作。妻子伯尼斯是他最佳的智慧方面的帮手。他们相互协作，共同努力。后来，他们成为化妆品生产商，为其他公司供应商品，但是因为缺乏营运资本，所以事事都须要亲力亲为。

随着业务量的增长，伯尼斯逐渐表现出善于管理办公室和采购工作的天赋，还成为出色的管理者，伦纳德变成了一个厉害的销售经理兼产品经理。随着业务规模不断扩大，他们很明智地雇用了一位颇具判断力、做事有条不紊的律师。另外，他们还雇用了一名会计，帮他们处理税务问题。

致富的方法就是制造抑或销售重复的产品，提供相同的服务（最好是低成本的必需品）。

这两点，他们都做到了。

他们节省每分钱，把省下的钱投入生意上。他们去学习、思考和制订计划；让每一分钱都发挥它的价值；让每个工作时间都能发挥作用，带来最好的成效；避免浪费现象。

伦纳德不断尝试打破以往的销售纪录，所以销售额逐月增加。业内人士一致认为，他是一个懂做生意的人；而对大多数人来说，他是个多做分外事的人。

银行业者曾把他介绍给了银行的三个客户，他们都投资了另外一家化妆品公司。所以，他们需要一个具有判断力的人给予他们专业的意见。所以，伦纳德抽出时间帮助他们。

之后有一天，伦纳德在洛杉矶的一家药店，帮助了一位顾客。之后，这位顾客为了表达谢意，悄悄地告诉伦纳德一家生产优质染发剂的公司可能会出售。

听到这个消息后，伦纳德很兴奋。因为这是一家具有15年历史的公司，其产品质量一向很好。从他已有的对于化妆品的认识及产品周期和发展趋势来看，这家公司须要注入新的活力，引进新的人才，开展新的活动。

他立即行动起来。从此刻就开始做起！事实上，那天晚上，他就与这家公司的老板会了面。通常来说，在这类交易中，买卖双方彼此都不了解，所以双方须要花费数周甚至好几个月进行洽谈，之后双方才能来一场头脑风暴。另外，如果双方具有个人魅力及良好判断力，那么通常能省去不少麻烦，节约沟通成本。事实上，正是由于伦纳德的个人魅力和良好判断力，这家公司的老板当晚就决定以40万美元的价格把公司卖给他。

不可否认，伦纳德一向很出色，并且能够将省下的每一分钱都用来投资新的业务。但是从哪里筹到40万美元呢？

那晚，在酒店里，他意识到自己具备致富的所有条件，除了一个问题。那就是钱的问题。

第二天早上醒来后，他忽然有了一个念头，所以，他又立即行动起来！他给银行业者之前介绍他的三个投资人打了长途电话。鉴于他之前帮过他们，他们可能会给他一些建议。另外，他们三人比他更懂得融资。他们已经投资了一家化妆品公司，或许他们也会投资这家。

由于这三个人在投资方面经验丰富，而且投资都很成功，所以他们建议伦纳德这样做：（1）巩固已有的所有业务；（2）全身心地投入一家公司；（3）公司在5年内按季度偿还贷款；（4）将公司25%的股权作为投资回报。

伦纳德确实这样做了。他知道借他人的钱生钱的价值所在，那三个投资人也同样知道。所以，他们从银行借了40万美元。

现在伦纳德和伯尼斯把大把的时间和精力都投入了创业中，越来越觉得这是一场惊心动魄的竞技赛。

果然，没过多久，所生产的优质染发剂遍布市场。

通常来看，12月份对于化妆品制造商来说是发展缓慢的一个月,但是,这一年的 12 月,即伦纳德和伯尼斯接管的首个月,这家公司营业额超过了 87 万美元。产品的成功得益于过去几年来管理层的指导。

伦纳德和伯尼斯找到了保险箱密码里遗失的数字。有了这个数字,他们就能开启宝箱,走上致富的大道。他们收购公司,仅 3 年后,该公司的总市值就超过 100 万美元。

以下是伦纳德成功的前提条件。

1. 具有竞争力的商品和服务。
2. 一家能盈利的公司,拥有独家产品,公司品牌响亮,却遇到了瓶颈期。
3. 一位能够高效运营公司的优秀管理人员。
4. 一位出色的销售经理,既能够采取成功的销售手段增加销售额,又能够不断探索更好的销售技能。
5. 一位既懂得成本核算,又能处理税务问题的专业会计。
6. 一位做事井井有条,具有良好判断力的优秀律师。
7. 具有足够的运营资本,能够在恰当的时机开展业务活动和扩张业务范围。

你也可以做到戏剧中说的那样:"做生意?其实很简单,就是合法合规地巧借他人的钱生钱!"

此刻,如果你学会了本文及前文中的法则,相信你也会像伦纳德和伯尼斯一样找到那个丢失的数字,打开成功的宝箱。

但是,要想身体健康,收获快乐,你就必须在工作中找到自我成就感。在下一篇文章中，你将学到这一内容。

指导思想回顾 13

1. 做生意？其实很简单，就是合法合规地巧借他人的钱生钱！

2. 合法合规地巧借他人钱生钱的基本要求是：你对自己有很高的道德要求——正义凛然、尊重他人、诚实守信、忠贞不渝、信守承诺。

不诚信的人不具有贷款资格。

银行业者是你的朋友。

3. 只要你尝试了，肯定会有所收获，而且一旦试对了，收获甚至更多。

4. 要想与人做生意，秉持的一条法则就是：你的方案既能让对方达成自己的目标，又能实现你的愿景。这就是互惠互利的商业之道。

5. 过度借贷可能会伤害你。焦虑、沮丧、没有幸福感的根源在于过度借贷。

6. 要想成功打开宝箱，你必须知道所有的密码。遗失了任何一个数字，成功就与你失之交臂。

7. 你也可以找到遗失的密码，成功打开装满财富的宝箱。

如何从工作中收获成就感

无论你从事何种工作,无论你是老板抑或员工,工厂经理抑或工人,医生抑或护士,律师抑或秘书,老师抑或学生,家庭主妇抑或用人,总之,无论你的工作是什么,你都可以从工作中找到成就感。

你知道,你肯定可以做到。

如果你对自己的工作游刃有余,那么你就更容易在工作中找到成就感。这是因为你在自己的工作领域有所建树,或者你的兴趣就在此处。相反,如果你对自己的工作力不从心,那么你就会经历思想斗争,饱受内心的煎熬。但是,如果你有积极的心态,并且能够不断经受磨砺,最终胜任这份工作,那么你就能平衡内心的矛盾,消除自我的挫败感。

杰瑞·阿萨姆就有着积极的心态,热爱自己的工作,在工作中找到了成就感。

那么有人就会问,杰瑞·阿萨姆是何许人也?他是干什么的?

杰瑞担任一家国际组织驻夏威夷办事处的销售经理。他对这份工作充满热爱。

杰瑞之所以喜欢这份工作,是因为他了解这份工作,并且非常擅长这方面。所以说,他对这份工作力所能及,但是即便如此,杰瑞还是经受了一段低谷。因为对于销售人员来说,一旦抱有不学习、不思考、不制订计划克服难题、不保持乐观的态度，就很容易陷入困扰。

杰瑞读了一本励志书，从中学到了三个法则。

1. 你可以使用自我激励语把控自己的心态。
2. 如果你设定了目标，就有可能实现它。并且，你的目标越高，你的成就就越大。
3. 凡事若要有所成，就要先了解规则，懂得如何运用规则行事。所以，学习、思考和制订计划是必要的。

杰瑞相信这些法则，所以立即采取了行动。他亲身实践了这些法则。首先，他阅读了公司的销售手册，然后在销售实操中学以致用。其次，他设立了很高的目标，而且都实现了。每天早上，他都会对自己说："我健康！我快乐！感觉好极了！"果不其然，他说的那些都应验了。他的销售成绩也十分出众。

杰瑞明白自己对销售工作很在行，这时他召集了一群销售员，把自己的绝学传授给他们。他依据公司培训手册中的规定，把最新、最实效的方法教给这些人。他亲自示范，力求向他们证明：只要掌握了正确方法，制订了详细的计划，每天都积极地推进实施计划，达成销售并非难事。他还教他们要设定高目标，以积极的心态实现目标。

每天早上，杰瑞团队的成员就会聚在一起，兴奋地齐声喊道："我健康！我快乐！感觉棒极了！"然后，他们就会大笑，互相拍拍对方的背，为对方加油鼓励。团队中的每一个人都用杰瑞教授的方法完成了销售任务，并且，每个人都设定了目标，而且目标越来越高，就连经验丰富又老练的销售前辈都惊叹不已。

每周结束后，每个销售人员都会提交一份销售报告，杰瑞所在公司的总裁和销售经理每次看到这些报告都会喜上眉梢。

杰瑞和他手下的人从工作中找到成就感了吗？他们的确找到了。原因如下：

1. 他们善于研究工作；他们了解规则，掌握了技能，又懂得如何运用，所以做到了得心应手。
2. 他们定期制定目标，并且有信心加以实现。他们深知：心之所想，心之所向，凡事皆可成真。
3. 他们一直用激励语给自己打气，一直抱有积极的心态。
4. 他们享受工作完成后的成就感。

"我健康！我快乐！感觉棒极了！"同一个公司里的一位年轻推销员也运用杰瑞传授的激励语把控自己的心态。当时，他还是一个18岁的在校大学生，趁着暑假出来工作，穿梭在商店和办公楼间挨家挨户推销保险。后来，他上了为期两周的销售理论课，从中学到了以下东西。

1. 销售在上完课后，前两周养成的习惯将贯穿于他的整个职业生涯。

2. 有销售任务时，要不断尝试，才能成功。

3. 目标要高。

4. 在你需要的时候，要学会用自我激励语，诸如"我健康！我快乐！感觉棒极了！"激励自我采取积极行动，走上正确的方向。

积累了几周的销售经验后，他给自己制定了一个具体的目标——拿到销售奖金。若要达到这个目标，至少要在单周内卖出100单保险。

截至那周的星期五晚上，他已经成功卖出了80份保险，还差20份就成功了。这位年轻的销售员信心满满，发誓要完成目标。因为他对这句话深信不疑——"心之所想，心之所向，凡事皆可成真"。虽然，其他销售员已经收工，准备享受周末，但他依然选择在周六早上继续工作。

到下午3点的时候，他一份保险也没卖出去。他领会到，销售成功与否取决于销售的态度，而不是潜在客户的态度。

这时，他想起了杰瑞教授的激励语——"我健康！我快乐！感觉棒极了！"并激情澎湃地重复说了5遍。

到了下午5点钟的时候，他卖出了3份保险，还差17份就成功了！这时，他想起了这句——成功是为那些不断尝试的人准备的！他又再一次富有激情地重复了几遍激励语——"我健康！我快乐！感觉棒极了！"大约到晚上11点的时候，疲惫不堪的他却很快乐，因为他卖出了所差的17份保险。他完成了自己的目标，赢得了销售奖，同时还学到了：只要不断尝试，失败也能转化为成功。

心态是决定成败的因素。正是好心态，激励着杰瑞和他的手下在工作中找到了成就感；正是好心态，帮助年轻的学生赢得奖励，收获了工作带来的成就感。

环顾你的周围，哪些人享受工作，哪些人不喜欢工作。这两种人的差别在哪里？对自我状态满意且乐观的人能够掌控自己的心态，他们往往能够乐观地看待事物，看向事物好的一面。即便遇到困难，他们也能够从自己身上寻找突破口，想办法改善困境。他们还会积极地研究自己的工作，从中不断学习，对工作愈加得心应手，既能找到自我成就感，又能获得老板的认可。

但是，那些不喜欢自己的工作，整日唉声叹气的人，事实上总是自寻烦恼。他们抱怨身边的一切——工作时间太长，午餐时间太短，老板脾气太暴躁，假期太短，奖金不合理。他们可能还会抱怨不相关的事，比如：苏西每天都穿一样的衣服，记录员约翰写的字太难懂，等等。他们会抱怨任何事物，这就是他们终日不开心的原因，也是失败的原因。所以，久而久之，不管是在工作上，还是其他方面，他们都不快乐。消极心态影响着他们的各个方面。

无论你的工作是什么，事实都是如此。如果你想获得快乐和满足感，你可以这样做：让自己保持积极的心态，寻找幸福的方式和获取的途径。

如果你能在工作中注入快乐和热情，那么你将做出常人所不及的成绩。你会让工作变成一件趣事，而工作带来的成就感会使你喜笑颜开，也会提升工作效能。

明确的目标让她激情四溢。不久前，我们在上积极心态成功学课程时，谈及这一法则，即将个人的激情注入工作中。这时，坐在教室后面的一位年轻女士举起了手，她站起来说道：

"我和我的丈夫是一同来这里听课的。你所说的这条法则，对于一个商人来说，可能是对的；但这条法则对于我这个家庭主妇来说并不适用。男人们每天都会遇到新的且有趣的挑战。但是，家务活与这些挑战截然不同，因为做家务既烦琐又无聊，每天都是如此，毫无新意和乐趣而言。"

对我们来说，这看起来才是真正的挑战——很多人都会觉得自己的工作太乏味无聊了。如果我们能找到一些方法帮助这位年轻女士，也许就可以帮助那些人。我问这位女士每天都做什么家务活，她告诉我，床单铺好稍后就乱了，碗洗好后再吃完饭又要脏了，拖完地稍后又踩脏了，就这样反反复复。她说道："事情就是这样。刚做完的事情过一阵又要再来一遍。"

"这看起来确实让人提不起精神，"导师也同意这种说法，"那有没有女人喜欢做家务活？"

"我想，应该有人喜欢干家务。"她说道。

"是什么让她们找到做家务的乐趣，并且乐此不疲呢？"

她思考了片刻，回答说："也许这是因为她们的态度。她们似乎并不会让这些家务束缚住手脚，反而能够跳脱常规看待事物。"

这就是问题所在。从工作中获取成就感的秘诀之一就是"跳脱常规看待事物"，也就是说，你知道自己工作的优势所在。无论你是家庭主妇抑或档案员，汽油泵操作员抑或大公司的总裁，事实都是如此。只有当你将日常琐事视为垫脚石时，你才能从中找到满足感。每项家务活就像一块垫脚石，踩着它们，你才能朝着所选的方向前进。

那么，对于这位年轻的家庭主妇来说，解决问题的方式就是找到一个她真正想要实现的目标，并找到一种方式使其在干日常家务活时达到这个目标。她主动说出了一个目标，即她想带家人环游世界。

"非常好，"教练说，"接下来，让我们想办法实现这一目标。现在，自己为目标设定一个截止时间。你想什么时候去？"

"宝宝 12 岁的时候，"她说，"从现在算起，还有 6 年的时间。"

"那么就让我们看看，要做些什么。你需要钱，这是其中之一；你的丈夫能够休假一年；你必须做好行程规划；你还须要了解所去国家或地区的信息。那么，你认为能否找到一种方法，可以让诸如铺床、洗碗、拖地和做饭等家务活成为你实现目标的垫脚石呢？"

几个月后，这个故事中的女士来看望我们。显而易见，当她走进房间的那一刻，她已经变成了一位充满自豪感的成功人士。

"这一切非常神奇，"她告诉我们，"这个垫脚石的主意我非常受用！我没有找到一项不适用这一观点的家务活。我利用打扫时间思考和计划行程；利用购物机会扩大视野——我故意购买其他国家的食物，这些食物旅途中会品尝到；利用吃饭时间教学——如果我们正在吃中国的鸡蛋面,我就会搜索中国及其人民的相关信息,然后在晚上用餐时,将这些信息告诉全家人。任何一项家务,对我来说,都不再那么沉闷和无趣了。而且得益于垫脚石理论,这些家务再也不会乏味!"

因此,无论你的工作多么单调乏味,若最终找到了自己想要实现的目标,那么这份工作就可以为你带来满足感。这是各行各业的人都会面临的情况。一个年轻人可能想当一名医生,但他必须先在学校工作。他所从事的工作取决于许多因素,比如工时、上班地点和薪水等。一个非常聪明且有抱负的年轻人可能沦落到在小卖铺旁边洗车或者挖沟渠。不可否认的是,这份工作于他来说缺乏挑战性和动力。因为他知道自己想要去往何处,所以不管工作有多么辛苦,他都觉得这一切很值得。

但是有时候,为实现目标而做的工作,会使你付出极高的代价。如果你就是如此,还是换掉这份工作吧。因为如果你对自己的工作不满意,这种不满的情绪就会像毒药一样,其毒性会蔓延到你生活的各个阶段。

但是,如果这份工作还不错,你仍然不满意,那么就要利用不满,自我激励。这种不满意,可以是积极的抑或消极的情绪,可以带来益处抑或不良的影响,这取决于具体的情况。记住:积极的心态在既定的情况下是正确的心态。

利用不满激励自己!富兰克林人寿保险公司总裁查尔斯·贝克尔说:"我会力劝你产生不满。对事物不满会产生不满的情绪,在历史的进程中,这种情绪促使社会变革,切实地为社会带来了进步。所以,我希望你永远不要知足,希望你能时不时地受到催促，这既能够不断提升和完善自我，又可以兼济天下。"

利用不满激励自我，可以从失败走向成功，从贫穷走向富裕，从挫败走向胜利，从痛苦走向幸福。

你犯错误时，事情出现问题时，与他人产生误解时，遭遇失败时，暗淡无光时，事情没有出现转机时，无法想出解决问题的方法时，你会做些什么？

你是否任由困难击垮你？是否放弃抵抗？是否胆小怕事？是否逃避困难？

或者，你是否利用不满激励自我，将劣势变为优势？你决定了要做什么吗？你是否运用了信念的力量？思路是否清晰？是否采取了积极的行动？是否坚定地相信目标肯定会实现？

拿破仑·希尔说，每次逆境都孕育着成功的种子。过去的困难和不幸的经历会激励现在的你不断进取，直到收获成功和幸福，难道不是这样吗？

阿尔伯特·爱因斯坦表示不满意，因为牛顿的定律没有解释他的所有问题。所以他一直在钻研物理和高等数学，最终他提出了相对论。根据这一理论，人们已经研发出了分解原子的方法，发现了将能量转化为物质的秘密，并且敢于探索并成功征服外太空——如果没有爱因斯坦利用不满激励自我，我们就不会有这些惊人的发现。

当然，我们并不是爱因斯坦，利用不满激励自我可能不会改变这个世界，但它可以改变我们的生活，我们可以朝着想要的方向前进。接下来，我们会讲述克拉伦斯·兰泽尔的故事，看看他对工作不满时,发生了何事。

是否值得呢?多年来,克拉伦斯·兰泽尔一直是俄亥俄州坎顿市的一名电车驾驶员。有一天早上醒来,他觉得自己不喜欢这份工作了。奇怪的是,他就此生病了,并且厌倦了这份工作。克拉伦斯越想越觉得不满意,无法停止。他的不满情绪愈加高涨,就好似染上了毒瘾一般。克拉伦斯变得非常不满意。

克拉伦斯学习了积极心态成功学课程,了解到:倘若你愿意,你能从任何工作中发现乐趣。拥有正确的心态才是关键所在。所以克拉伦斯决定合理地审视工作,看看自己能做些什么。"我怎样才能享受工作?"他问自己。

他想到了一个不错的答案。他认为,如果我能为他人带来快乐,我也会很快乐。

其实他可以为很多人带来快乐,因为他每天都会在电车上遇到形形色色的人。他一向容易交到朋友,所以他就在想:"我要利用自己的这一特质,为我的电车乘客每天带来一些欢乐。"

乘客们认为克拉伦斯的计划非常棒。他们非常喜欢他的彬彬有礼和愉快的问候。因为克拉伦斯的乐观和关心,他们非常开心,克拉伦斯也很快乐。

他的上司对他却持相反的态度。所以,监督员把克拉伦斯叫到办公室,警告他停止这些行为。

但是克拉伦斯并没有在意这个警告。为他人带来快乐,他享受这样的时光。对于那些他关心过的乘客来说,他的工作非常成功。

可是，克拉伦斯还是被解雇了！

于是，克拉伦斯遇到了一个问题——这很好。至少根据积极心态成功学课程，这很好。克拉伦斯认为，他须要拜访彼时住在坎顿市的拿破仑·希尔，想知道为什么出现这个问题很好。他打电话给希尔先生，并约了第二天下午见面。

"希尔先生，我读过您的《思考致富》，我也学习过积极心态成功学课程，想必一定是我遗漏了什么才会出现这个问题。"他告诉了发生在自己身上的事情。"现在，我该怎么办？"他总结并问道。

拿破仑·希尔笑了笑。"让我们看看你的问题，"他说，"当你对自己的工作不满意时，你做得很对。你试图利用你良好的特质——友好及和蔼可亲的性格，做好自己的工作，获得工作上的成就感。问题不在于你，而在于你的上司，他没有看到你做这件事的价值。但这太棒了！为什么呢？因为你可以利用自己的优秀特质，实现更大的目标。"

拿破仑·希尔向克拉伦斯讲述道，他可以当一名销售而非电车驾驶员，利用自己的优秀品质和和善的态度发光发热。于是，克拉伦斯申请了纽约人寿保险公司的销售顾问职位，并成功得到了这份工作。

克拉伦斯第一个潜在客户就是电车公司的总裁。克拉伦斯松了一口气，因为这位总裁很绅士，从办公室出来的时候，他就拿到了这份 10 万美元的保单。

希尔最后一次见到克拉伦斯的时候，他已成为这家纽约人寿保险公司最有名气的销售员之一。

你是那个格格不入的人吗？你的性格、能力和才华在某个环境中使你成功，给你带来快乐，但在另一个环境下却截然相反。

如果你有足够的动力，你就可以融入新的世界。但是在你成功改变自己的习惯和偏好之前，要准备好面对身心的煎熬。如果你愿意付出代价，你就会获胜。你可能会发现偿还分期贷款很艰难——尤其是刚开始的时候，但当你全额付清时，就翻开了新的一页。过去的习惯和偏好都会成为过去式。你会很高兴，因为你现在可以做力所能及的事情了。

为了保证成功，在内心斗争的过程中，努力保持身心健康，这一点很有必要。

下一篇文章中，你会了解到如何消除内心的冲突。

指导思想回顾 14

1. 满足感是一种心态。
2. 你的心态是你唯一可以完全掌控的东西。
3. 我快乐！我健康！感觉棒极了！
4. 制定目标时，目标要高！
5. 了解规则，明白如何运用规则。
6. 设定目标，不断向前，直到成功。
7. 跳脱常规看待事物。使用垫脚石理论。
8. 利用不满自我激励。
9. 如果你格格不入，该做些什么？

强大的信念

只要你拥有我们接下来传授给你的理念,就能获得超出预期的财富。

这一理念能给你带来幸福,因为你的个性得以彰显,你会感受到充沛的情感和爱,不管从质量上还是数量上,都远远超出你的想象。

作家劳埃德·C. 道格拉斯(Lloyd C. Douglas)在很多场合都表露了这一理念。

道格拉斯退休后,就展开了另一种励志模式——创作小说。他之前的工作激励了上百人,而现在的书激励了上千人,现在的电影也激励了上百万人,但是,不管是以何种形式,他传达的理念都是不变的。他的小说《天荒地老不了情》(*The Magnificent Obsession*)更是淋漓尽致地贯穿了这一理念。这一理念其实显而易见,但有需要的人总是无法察觉。简单地说,这一理念的内涵如下:

> 形成一种信念——一股强大的信念——帮助他人。
> 不求回报,赞扬他人,低调地多行善事。

如果你这样行事,无形的能量就会运转起来。这是因为不计回报地多行善事，幸运和美好的事物就会降临到你的身上。

不管你是谁，你都可以拥有这股强大的信念。通过分享，任何人都能给予他人帮助。你不必富有抑或拥有权势，也能形成这股强大的信念。不管你是谁，曾经做过什么，你都能在内心植入这种帮助他人的渴求。

比如，执迷不悟的犯错之人。

你永远不会知道这个人的名字，这是个秘密。别人希望他能捐赠一些善款帮助美国男孩俱乐部（一个致力于帮助儿童完善人格的组织），他却拒绝了。事实上，那时候他对来访人员十分粗鲁。

"出去！"他说，"我非常讨厌别人伸手向我要钱。"

来访者走到门口，准备离开的时候，停下来环顾了一下四周，充满善意地看着坐在桌子后面的这个男人，说道："你不想帮助有需要之人。但是，我要帮助他们。"说完这番话，来访者就转身迅速地离开了。

彼时，来访者的脑海闪过的念头是："我虽然没有金山银山，但是我把自己最宝贵的东西赠予了你。"果然，没过几天，有趣的事情发生了。

那个人敲响了俱乐部的办公室，问道："我能进来吗？"他手里拿着一张 50 万美元的支票。他把这张支票放在桌子上的时候，说："捐赠这笔钱，我只有一个条件——不要让其他人知道。"

"为什么不呢？"有人问道。

"我不想要孩子们知道我的名字，觉得我是个大善人。其实我不是圣人,我曾经也犯过错。"

这就是他不想让别人知道名字的原因。只有那个俱乐部来访者知晓此人的用意——他通过捐赠帮助孩子们,是为了提醒自己犯过的错误。你可能和这位来访者一样并不富裕,但是你可以与他人分享心得。你同样也能为他人种下善良的种子。你也可以慷慨解囊,帮助他人。

你身上最宝贵的财富和最强大的力量往往是你看不见、摸不着的东西。没有人可以从你身上夺走这些东西,但是你可以与他人分享。

你分享得越多,你的收获就越多。

如果你怀疑这一点,那么你可以加以证明,通过这些方式:微笑地面对你遇见的每一个人;送上一句贴心的话语;愉快地回应他人;由衷地感谢他人带来的温暖;为他人欢呼;鼓励他人;为他人带来希望;赞扬、夸奖他人;心存善念;爱你身边的人;为他人带来幸福;专注地投入有意义的工作。

如果你能做到以上的任何一件事,你就会明白这个理念——发自内心地传授给最需要的人。只有你学习了,你才会知道,当你与他人分享之时,你的收获越来越多;相反,如果你不与他人分享,你的收获会不断递减。总而言之,学会分享,益处良多;拒绝分享,坏处不少。

坚定的信念成就伟大的事业。我们了解到,一位母亲失去了她唯一的孩子——一个既美丽,又能带给别人欢乐和鼓励的十几岁少女。为了缓解失去至亲的痛苦,这位母亲有了一股强大的信念,余生多行善事。如今,她努力让这个我们生活的世界更加美好。她出色的工作和强大的信念深深地吸引着我们，于是我写信问她是否愿意分享自己的故事，究竟是什么让她有着这股坚定的信念。她的回复如下：

> 失去爱女的那股撕心裂肺的伤痛永远无法从我的脑海中消散。我的女儿是一个多么有爱的孩子，她在我们所倾注的爱中成长，承载了我们的未来和希望。可是，她14岁半的时候就去世了。你无法想象我们的痛苦和无助。原本美好的未来突然漆黑一片，我们的生命之光从此黯淡。一切都变得毫无意义，彼时美好的一切都成了苦涩的瞬间。
>
> 我和丈夫对于丧女的反应和大多数人一样。但是，很多未知的问题一直困扰着我们——为什么会这样？之后，我的丈夫退休了，卖掉了房子。为了逃避这个残酷的现实，我们去了很多地方。但是，逃避现实解决不了问题，唯有勇敢面对才能挣脱那些挥之不去的伤痛回忆。就这样，我们慢慢地明白了，知道自己并不是这世上唯一失去至亲的人。我们寻求心理的安慰，可是无济于事，我们太以自我为中心。历时数月，我才慢慢地从伤痛中走出来，开始接受现实，开始明白：孩子带来的快乐、健康的体魄和安全的环境都是生活赐予我们的礼物。可是，我们中的很多人都把生活的馈赠当成理所应当的事情，并没有知晓馈赠背后的真正的含义和无可替代的价值。
>
> 我为什么不珍惜其他的馈赠呢？丈夫对我的爱，生活在这么美好的国家，这么多的朋友，毫无损害的五种

感官，我身边的一切这么美好，难道我不应该感恩吗？此时，在自我寻找的道路上，我找到了正确的方向。

虽然我失去了重要的至亲，生活却在另一方面补偿了我，它让我知道了要同情他人，正确地认识困扰我们的问题。相应地，随着我越来越多地帮助他人，我对于失去至亲的认识更加透彻。

我在工作中找到了自己的位置，希望这会让我有机会留下些什么，而不仅是爱女。我想在这座希望之城找到生命的答案。

此刻，时间不断推移，我的心如止水，这就是坚定信念的力量，我的思想觉悟由此提高了。我衷心地希望那些失去至亲的人能够在服务他人的同时，找到属于自己内心的那份慰藉和平静。

强大的信念确实需要勇气。你可能要独自作战，对抗专家们的无知和嘲笑。

同伟大的发现者、创造者、发明者、哲学家和天才一样，你可能被贴上诸如"疯子""狂人"和"怪人"的标签；专家们可能还会说，你着手的这件事是不可能的。但是时间会证明，你急切的渴望和不懈的努力会将你强大的信念变为现实。所以，当他人否定你，说"这不可能"的时候，做出点成绩给他们看看！

前方荆棘密布，强大的信念终将取胜！许多年前，一名芝加哥大学的学生和他的朋友来听阿瑟·柯南·道尔（Arthur

Conan Doyle）的唯心论演讲。他们本是抱着玩耍的心态去听演讲，然后嘲弄一番，但是其中有一个学生——莱茵（J. B. Rhine）深深地被演讲打动，他开始听这场演讲。演讲中确实有很多观念给他留下了深刻的印象，久久无法从他的脑海中抹去。在演讲中，阿瑟·柯南·道尔爵士提到，有声望的人都在探索精神领域。因此，莱茵决定投入这项研究。

不久前，来自北卡罗来纳州杜克大学的莱茵博士提及此事的时候，说道："我还是大学生的时候，有些事我应该有所了解，但是并没有。直到听完那场演讲后，我才对此慢慢有了认识。我们的教育系统确实忽略了一些重要的东西，比如探索未知领域的方式。后来，我才看到彼时教育系统的弊端。"

当时他却急切地渴望系统地认识人类精神世界的真理。后来，那股急切的渴望变成了其强大的信念。

莱茵决定一生都致力于大学教育。有人却警告他，他会声名受损，教学工作也会受到影响。他的那些朋友和大学教授都在取笑他，不遗余力地劝阻他，一些人甚至开始回避他。"为了证明自己，我必须找到真理。"他向一位科学家朋友说。

这位朋友回答说："当你发现真理时，还是留给自己吧！没有人会相信你的真理！"

他确实保留着自己的发现，直到能够拿出确凿的科学证据才公之于众。当今，他赢得了全世界人民的赞赏和尊重。

在过去的30年里，他无时无刻不在应对人们的无知和嘲笑。

但是，多年来困扰莱茵博士最多的就是缺乏科研资金。例如，唯一的脑电图仪器是用从垃圾堆中捡来的、一家医院丢弃的残骸组装而成的。

你有没有想过，通过成就一番事业、分享已有的认识，也能形成一股强大的信念？如果你认真思考过，那么你就会知道，当今很多教授在不同领域寻根问底，为的就是人类得以从这些发现中受益。这样的一群全心付出、寻找真理的人，却面临缺乏资金支持的难处，他们要购买必要的仪器、维持自己的生计、保障相关科研人员的生活水平，而这让他们处处碰壁。

你可以成就一番事业，践行自己的理念。你几乎可以在任何大学里找到这样专注奉献、信念坚定的人。

简单的哲理变成强大的信念！一个贫穷的苏格兰移民男孩成为美国最富有的人。在安德鲁·卡耐基的自传中，你会看到震撼人心的故事和强大的信念。

卡耐基孩童时期乃至他的一生都被一个简单的哲理所激励——生命中任何有价值的东西，都值得人们为之奋斗！这个简单的哲理演变成了卡耐基强大的信念。

卡耐基多年来一直致力于分享财富的秘诀。

生前，卡耐基已经捐献了数百万美元。这些钱用于修建图书馆等，这亦是众所周知的事情。

图书馆有大量藏书，只有那些通过阅读这些图书，不断奋斗的人，才能持续汲取书中的知识，继而从中受益。

1908年，18岁的拿破仑·希尔是一家杂志社的记者，他得以采访这位伟大的钢铁生产商和慈善家。第一次的采访就持续了3个小时,随后这位名人邀请希尔来家里做客。

卡耐基在3天里把自己的思想传递给了希尔,激励着这位年轻的记者用20年的时间致力于学习、研究和发现简单而深刻的成功法则。安德鲁·卡耐基告诉希尔,他最大的财富不是金钱,而是他的"成功哲学"。他委托希尔作为他的代理人与世界分享这一成果。

这本书也是其中的成果之一,与君分享。

卡耐基生前,曾经给希尔写介绍信,让希尔拜访世界上最成功的人。他给了希尔很多建议,分享了很多理念,在方方面面都帮助过希尔。他说:"生命中任何有价值的东西,都值得人们为之奋斗!"

希尔知道,运用这一励志语可以收获幸福、身心健康和财富。每个人都可以学习并应用这一法则。

人们往往会把有形的财产分享给所爱之人。但是,如果每个人都能给后世留下一些自己的理念,以及如何获得幸福、身心健康和财富的方法,就同卡耐基所分享的一样,这种精髓代代相传,该有多好。

希尔写这本书的初衷就是让你知晓卡耐基致富的成功法则,这些成功法则同样适用于你。

另外一个既有着强大的信念,又分享已有认识的富人是迈克·L. 贝内杜姆(Michael L. Benedum)。他的密友,美国参议员詹宁斯·伦道夫(Jennings Randolph)向我们讲述,每周工资只有25美元的贝内杜姆如何变成富有的人。他的身价已有1亿美元,而他的事业转折点却源于一件小事。

有一次，25岁的贝内杜姆在火车上将自己的座位让给了一位年长的人。对于贝内杜姆来说，这是再正常不过的事情了。但奇妙的是这个年长的人正是约翰·沃辛顿（John Worthington）——南部宾夕法尼亚州石油公司总监。后来，在聊天中，沃辛顿给贝内杜姆提供了一份工作邀请。贝内杜姆接受了这份工作邀请，最终成了有史以来发现石油最多的人。

有人说，通过一个人的生活哲学，就能判断这个人。贝内杜姆的金钱观念是这样的："我只是金钱的保管者，所以要对我赚的这些钱负责任，这些钱可以推动社会进步，可以给那些有需要的人提供工作机会，正如别人提供给我工作机会一样，我也同样会这样做。"

同很多具有强大信念的人一样，贝内杜姆活到了耄耋之年。他在自己85岁生日的时候，说道："有人问我怎么才能活到我这个岁数，我的秘诀就是让自己忙起来，这样你就不会注意到时间的流逝。除了自私、卑鄙和腐败，其他都不要痛恨；除了怯懦、不忠和冷漠的行为，其他都不要惧怕；除了善良等高尚的品行，不要垂涎他人的东西。要多交朋友，尽可能不要树敌。还有，依我看，年龄并不是问题，只要你的心态是年轻的，你就能永葆年轻。我觉得此刻的我对同伴、国家都持有坚定的信念。"

坚定的信念有助于长寿。自然而然，接下来的故事是关于如何让自己活得更长久的。赫伯特·胡佛（Herbert Hoover）和罗伯特·伍德（Robert E. Wood）为美国年轻人做了很多事情，比如把自己的时间和金钱投入美国男孩俱乐部，当然他们因为有着坚定的信念，活的时间也很长。他们致力于帮助他人，坚定的信念使他们的生活更加美好，在这个过程中，他们也受到了同伴的尊重和爱戴。

当然，你可能没有安德鲁·卡耐基或迈克·L.贝内杜姆那样的物质财富，但这并不会影响你拥有坚定的信念。至少，这并没有影响到欧文·鲁道夫（Irving Rudolph）。

欧文一生都致力于帮助那些贫困交加的人。之所以这样做，是因为曾经有一个男孩俱乐部把他从水深火热的窘境中解救了出来。

欧文·鲁道夫是如何在男孩俱乐部开启工作的呢？

那时，他住在芝加哥的贫穷霍尔斯特德街附近。他经常和一群混混在街区游荡，这里麻烦丛生，男孩们会做出很多不应该的举动，走向歧途。无所事事的他们也不会处理接踵而来的麻烦。有一天，街区的废弃教堂旁出现了一个新的男孩俱乐部。

"在这群人中，唯有我和哥哥走进了这家俱乐部，"欧文说道，"除了我和哥哥，其他同伴都进监狱了。如果不是这家俱乐部，可能我也因罪入狱了。"

如今，欧文非常感激这家男孩俱乐部为他和哥哥所做的一切。他们也一直致力于帮助那些贫困交加的男孩们。由于他们对这项工作的热衷，男孩俱乐部收到了大量的善款。也是因为他，吸引了很多有名的人士投入这项事业中来。

欧文解释说："我们做这项事业仅仅是为了感恩，感恩当年被拉回了正道，而没有误入歧途。"

"只要去男孩俱乐部看看，你就知道我们在做多么有意义的事情。你会看到很多孩子的渴望，体会到他们的感受，就同当年的我一般。"他又补充说道。

如今，成千上万有坚定信念的人不惜腾出时间并花费金钱帮助美国的男孩们。坚定的信念对你有益，如果……

如果你能尽力维护自己的名誉，不欺骗他人，总是担起身上的责任，那么……

如果你能保持身体和心灵的纯净——保持良好的习惯，言行得体，勤加锻炼，与一群思想纯洁的人交朋友，那么……

如果你能在他人遭遇不测、被朋友欺骗、被敌人威胁时，勇敢地站出来伸出援手；如果失败催你奋进，如果你勇敢无畏地直面危险，那么……

如果你勤勤恳恳地工作，充分抓住机会；如果你不毁坏财物；如果你勤俭节约，支付自己生活所需；如果你学会帮助那些有需要的人，多做善事；如果你每天不求回报帮助他人，那么……

如果你不论人种、肤色、民族或国籍，广交各种各样的朋友，那么……

如果你已准备认识危险本身，知道避免疏忽造成的伤害，懂得用必要的急救措施救死扶伤，能够担起家庭和社会的责任，那么……

如果你能够友善地对待他人，尤其是那些无助和不幸的人，那么……

如果你能够减少对生物不必要的伤害和杀戮，努力保护它们，那么……

如果你能尽量微笑，高效而愉快地工作；如果你从不推卸责任，抱怨面临的困难，那么……

如果你能保持忠诚，忠诚于家人，忠诚于所在的公司，忠诚于国家，那么……

如果你能正确地面对权威，遵守规定，但不违反你的道德准则，那么……

如果你能尽力完成国家托付你的职责，时刻帮助他人，保持健康的体魄、清醒的认识和正直的灵魂，那么……

如果达到了以上标准，你会成为什么样的人？

一个国家，一个民族，之所以伟大，在于其人民具有强大的信念。

亨利·J.凯泽也有着坚定的信念。为了让这个世界变得更加美好，他付出了很多心血。

读到这里，你其实已经开启了成功之路。助你成功的5条法则已经唤醒了你，你手持着通向财富之路的钥匙。就是此刻，准备上路，开启成功之行！这也是下一部分的核心所在。

指南思想回顾 15

1. 塑造强大的信念：与他人分享，不求回报，不求赞誉，低调行善。

2. 不管你是谁，之前曾经做过什么，你都能热切地帮助他人。你可以养成强大的信念。

3. 你分享得越多，你的收获就越多。但是，你要取其精华，弃其糟粕，有选择性地与人分享。

4. 你可以像那位失去孩子的母亲一样，做有意义的事情，养成强大的信念。

5. 一个人的品行是成功的基石。

6. 还有比谋生更重要的事——有尊严地活着！

7. 你的强烈渴求会指导你的言行，这是成功必不可少的条件。

8. 塑造强大的信念需要勇气和牺牲。你可能要孤身一人面对他人的无知和嘲弄，就像莱茵博士那样。

9. 生命中任何有意义的事，都值得为之奋斗。

第四部分　做好成功的准备

凭借已有的信念——对自己的信念、对同伴的信念、对改变人生的信念，才能成为完整的人。

如何激发你的能量

今天,你的干劲如何?一早醒来,你是否急切地想投入工作?你是否匆忙地吃完早饭,急忙出门?你是否满腔热情地投入工作中?

难道没有吗?或许有时候,你并没有自己所期望的干劲和活力;或许,你整天都感觉疲惫不堪,闷闷不乐,勉强得以完成工作。

如果你出现了以上的情况,那么你该做些事情解决这些问题了。

亚利桑那州凤凰城凰北高中的田径教练弗农·沃尔夫(Vernon Wolfe)是这一领域的专家。他是美国最有名的教练之一,在其指导下,很多凰北高中生多次打破了美国高中田径纪录。

他是如何训练这些学生成为明星运动员的?沃尔夫的训练方法具有两重性,能够同时管控学生们的身体和思想状态。

"如果你相信自己可以做到,"沃尔夫说,"那么大多数时候你就能做到。心态极其重要。"

你的体内有两股能量,一种源于身体层面,一种源于心理和精神层面。目前来看,后者更重要,因为潜意识在你需要的时候会发挥极大的作用。

比如有些事，你早已有所耳闻，人在遭遇重大打击，情绪激动的情况下，居然还能作出正确的决定。接下来讲述的是一则有关车祸的故事。丈夫遇上车祸，被压在车下，动弹不得。瘦小羸弱的妻子看到这种情况，情急之下竟然设法把车子抬起来救了丈夫。或许，对于那些疯狂的人来说，潜意识下的思想已经不受控制，所以他们能够拥有超乎平常的力量改变局面。

罗杰·班尼斯特（Roger Bannister）博士在《体育画报》（Sports Illustrated）中，向大家讲述了他于1954年5月6日第一次以每公里2.5分钟的速度打破田径纪录的过程。在训练过程中，他的身体素质和精神层面都得到了提升，所以才能成功地走上梦寐以求的体育竞技之路。几个月来，他都在潜意识里告诉自己：别人无法打破的纪录，我可以打破。当时很多人都认为，每公里2.5分钟的纪录就像一道关卡，很难冲破。但班尼斯特并不这么认为。他认为这个纪录就像一个入口，如果能打破该纪录，就能冲进入口，一往无前，打破更多的纪录。

他的想法果然是正确的。他首次打破每公里2.5分钟的纪录后，在4年多的时间内，他和其他田径运动员跑出这一成绩共达46次！并且，在1958年8月6日于爱尔兰都柏林的一场赛事中，5名田径运动员竟然跑出了每公里不到2.5分钟的佳绩。

而将这一秘密传授给罗杰·班尼斯特的是伊利诺伊大学体能锻炼中心的负责人托马斯·柯克·丘尔顿（Thomas Kirk Cureton）博士。关于人体的能量等级，丘尔顿博士提出了革命性的理念。他认为，这个革命性的理念既适用于运动员，也适用于非运动员。在这个理念作用下，不但能够帮助运动员跑得更快，而且能够延长普通人的寿命。

丘尔顿博士解释道："任何人只要知道锻炼身体的方法，即便到了50岁也能像20岁那样年轻健康，这一点无可置疑。"

丘尔顿博士的理念基于这两个法则：（1）进行全身锻炼；（2）进行体能训练，然后再超越极限。

丘尔顿博士说："破纪录的秘诀就是释放出自身更多的能量，不断逼迫自己挑战极限。"

丘尔顿博士在对欧洲明星运动员进行体能测试时，结识了罗杰·班尼斯特。当时，他注意到，班尼斯特的身体机能在某些方面很不错，比如他的心脏与身体的比例比普通人好。但是，在其他方面，班尼斯特并不比平常人强。于是，班尼斯特听取了丘尔顿的意见，对身体展开全面的训练。如通过爬山，他知道了如何调控心态，如何克服困难。

同样重要的是，他学会了分解目标——将大目标分解成多个小目标。在训练过程中，他先冲刺400米，然后在赛道周围慢跑一圈，休息一下。之后，他再冲刺下一个400米。每400米，他对自己的要求都是不高于58秒。每次训练时，他都会竭尽所能，逼向自己的极限，然后再休息，这样一来，极限就会推迟一些。

丘尔顿博士还告诉班尼斯特："身体承受得越多，其承受的能力越强。"

但是，他强调休息和锻炼同样重要。因为，身体在训练中消耗大量能量须要在休息时恢复。这就是人的力量、活力和能量的发展方式。身心都在休息放松的时候重新"充满电量"。

小孩子精力旺盛,不知疲倦,但他们的行为举止会表达他们的倦意。青少年或许能够意识到过度疲劳,但是他们拒不承认,宁可自欺欺人。性问题、家庭矛盾、学业成绩和一些社会问题压得他们喘不过气来。

当你的精力不佳时,你的健康状况和所期望的个性就会受到负面因素的影响。就像蓄电池没电了一样,如果你的精力耗尽,那么你就完蛋了。解决的方案是什么?重新充电?怎么充电呢?放松下来,玩耍、休息和睡觉!

如何判断"电池"何时须要"充电"。这里有一张检查表,能够帮助你检查当前的精神状况。如果你的行为举止和情绪是以下状态,那么你须要休息了。

- 嗜睡或过度疲劳
- 说话得罪人,态度不友好,疑心重
- 爱发牢骚,侮辱他人,充满敌意
- 脾气急躁,爱挖苦他人,斤斤计较
- 易紧张,过于激动,暴躁不安
- 心烦意乱,担惊受怕,嫉妒心重
- 行事鲁莽,冷酷无情,过度自私
- 过于情绪化,抑郁,沮丧

积极心态须要你具备充沛的能量,反之亦然!当你疲惫不堪时,通常情况下,那些积极的情绪、想法和行为往往会变成消极的一面，但是，当你好好休息、身体健康时，消极的那面会重新翻向积极面。与疲劳的状态伴随而来的往往是最糟糕的情绪状态。当你充好电，得到充足的休息，你的精神和活动等级达到标准时，你就处于最佳的状态。这个时候就是你以积极心态思考和行动的时刻！

为了保持身体和精神的最佳状态，你的身心都要锻炼。另外一种原因是，你的身体和心灵需要养料。通过摄取大量营养丰富的食物，你可以维持身体的最佳状态；通过从励志图书中摄取的精神食粮，你可以维持心灵的最佳状态，活力四射。

身心健康的必需品——养料！乔治·斯卡赛特（George Scarseth）博士——美国印第安纳州拉斐特市农业研究协会主任，讲述了一个非洲海岸村庄的故事。该海岸的居民身体强壮，身体素质高于内陆居民。沿海居民和内陆居民的区别在于饮食。生活在内陆的居民没有摄取足够的蛋白质，但是生活在海岸旁的居民从捕获的海鱼中摄取了大量的蛋白质。

克拉伦斯·米尔斯（Clarence Mills）在《气候塑造人类》（Climate Makes Man）这本书中写道，美国政府发现生活在巴拿马海峡附近的居民身体移动迟缓，思维迟钝。后来，一项科学研究表明，该地居民赖以生存的植物和动物都缺乏 B 族维生素。当维生素 B 加入其饮食中，人变得精力充沛，更有活力。

你的潜意识，就像你的身体一样，会毫不费力地汲取精神养料，但是不同的是，潜意识可以汲取无限的养料并且加以消化。因为，潜意识跟你的胃不同，前者永远都不会被塞满！只要你不停地汲取养料,你的潜意识就会不停地吸收这些养料,而且会越来越多!

在哪里能找到这些精神养料呢?本书会给你指导。

从功效上看,潜意识就像电池一样,从潜意识中,你可以增加身心的能量,这些能量常常会让你保持活力。如果这些能量受到消极情绪的阻碍,那么该能量就是无用的。但是如果我们能建设性地使用这些能量,能量发挥出的价值就会加倍。

人能够自主地控制自己的情绪,而不受外界的影响,其文明程度越高,越有文化和涵养,就越容易控制自己的情绪。

例如,在某些情况下,恐惧是好事。但是,如果你的情绪不对劲,身心的能量就会被你消耗殆尽。如果遇到这种情况,你要按下引导能量的正确开关。怎么按下这个开关呢?专注于你心之所想,忽略那些细枝末节。这样的话,你的情绪就会立马收到信号,作出反应。所以,行动起来吧,用积极的心态取代消极的心态。当你感到害怕,又想鼓起勇气面对问题时,积极行动起来吧!

如果你想成为活力四射的人,那就满怀激情地行事吧。但是,要确保你的能量用于正确的、有用的用途。

澳大利亚的道恩·弗雷泽就是很好的事例。她出生在悉尼海滨郊区巴尔曼的贫民区,从小就贫血。她却坚定地要成为最伟大的游泳冠军。后来,她真的成了世界上游得最快的女运动员,她表现不错,但是有时候,她对自己的表现并不满意。

"有一次,结束卡迪夫帝国运动赛事后,乘飞机回家的途中,我读了一本书。这本书的名字叫《思考致富》,"她说道,

"拿破仑·希尔的成功法则，给了我很多启发。我开始反思自由泳接力比赛中的失利，我当时游了60.6秒，这一成绩打破了我之前的世界纪录，但还不足以追上我们起初落后的12码。"

"我一直纠结这一问题——最后一棒我是否竭尽全力？"

弗雷泽想起了长久以来的梦想——成为百米游泳进入60秒大关女运动员。她把那个时刻叫作"魔幻一分钟"。

她这样想："如果我能在游泳接力的最后一棒游出那魔幻一分钟，或许我们就能取胜。

"从那时起，游出魔幻一分钟就成了我急切的渴望。如果你愿意的话，可以称这种渴望为强烈的意识。我时刻把'魔幻一分钟'作为我的主要目标，积极制订了相关的计划。正如希尔先生建议的那样，我决定再迈出另外一步——不管在身体极限还是精神层面上。"

所以，弗雷泽女士除了训练身体素质，还开始控制自己的意识。虽然撰写本书时，她还没有游出她的"魔幻一分钟"，却打破了一项又一项纪录。据澳大利亚记者托马斯·H.温加特报道，澳大利亚各地的体育教练都已开始研究拿破仑·希尔的著作。

温加特这样说道："这些顶级教练苦苦寻找方法以帮助他们的冠军选手突破极限，没想到在这位伟大的美国专家的著作里找到了灵感。

"他们正在采用拿破仑·希尔的心理方法来解决实际问题。有些人参加了积极心态成功学课程，因此他们可以正确地应用这些法则。"

此刻是时候"充电"了吗？你是否开始运用本书的成功法则？你准备好成为冠军了吗？如果你做到了，那么接下来你就会知道如何保持身体健康，延长寿命。这是下一篇文章的话题。

指导思想回顾 16

1. 此刻，你的能量状态怎么样？
2. 你的身心和精神世界最重要的来源是什么？
3. 托马斯·柯克·丘尔顿博士教给罗杰·班尼斯特的法则，让后者有更多的精力实现自己的目标，后者是如何运用的？
4. 你达到自己的极限了吗？然后休息一会，再来一遍？
5. 现在该"充电"了吗？
6. 你如何消除疲劳感？
7. 我们的饮食结构平衡吗？
8. 你是否从励志图书中汲取精神养料？
9. 你是否正确地运用自己的能量？你是否消耗这些能量？
10. 接受无法改变的事物，勇敢改变我能改变的事物。
11. 恐惧感在何时有益，何时无益？
12. 想要成为活力四射的人，那就满怀激情地行事吧！

身体健康、延年益寿的秘诀

积极的心态有助于保持身体健康,在日常生活和工作中充满激情和活力。"感谢生活的馈赠,我在各个方面越来越好。"这句话对于那些每天早起或睡前默念几遍的人来说,并不是空口大话。

从某种意义上说,默念这句话的人正在利用积极心态的力量。有了这股力量,他们就能让生活变得更加美好。这其实就是本书作者希望你能拥有的力量。

积极心态有助于你保持身心健康,延年益寿;相反,消极心态影响你的身心健康,缩短你的寿命。积极心态的恰当运用已经拯救了很多人的生命,因为他们身边的人的心态非常乐观。下面的案例就说明了这一点。

婴儿才出生两天,医生就下结论说:"这孩子活不了了。"

"我的孩子能活下去!"父亲反驳道。这位父亲的心态很乐观,又有坚定的信念,他相信奇迹会出现。他换掉了原来的医生,新医生会乐观地估计病情,因为以他的经验来看,病危之人需要这种心理补偿。果然出现了奇迹,这个孩子保住了!

> 我坚持不下去了!
> 死亡将你我分开——暂时而已!

上述的新闻标题出现在美国《芝加哥日报》上，这篇报道写道：建筑工程师，男性，62岁，睡前突发疾病，胸口疼痛，呼吸急促。小他10岁的妻子，惊慌失措，情急之中开始揉搓丈夫的胳膊，希望能够加快血液循环。但结果是，丈夫死了。

"我一时半刻都坚持不下去了。"变成寡妇的妻子对身边的母亲说。

随后，这个妻子就去世了，并且与丈夫在同一天离开人世！

最终活下来的婴儿和死去的妻子，这两个案例分别说明了积极心态和消极心态的巨大影响。我们都知道积极心态带来美好，消极心态招致灾难，这样看来，心态乐观不应该是通识吗？

如果你之前没有这样做，那么现在就是培养积极心态的时候了，以备不时之需。人活着总是要有所期望。请记住，当你有所期望的时候，潜意识会控制你的意识，在紧急情况下，可以激励你活下去。我们只须要读一读拉斐尔·科雷亚（Rafael Correa）的故事，就能证明这一点。

拉斐尔当时只有20岁。虽然他的家庭状况并不好，但是家人都很受他人尊重。那天晚上，六名正式医生和一名实习医生都在那个小手术室尽力抢救他的生命。医护人员已经不间断地治疗了12小时，他们筋疲力尽，充满倦意。尽管他们已经尝试了很多治疗方案，但依然无法听见他的心跳声，无法感受他的脉搏跳动。

外科医生拿起手术刀，切开了他臂腕上的血管，血液偏黄。鉴于他的身体太虚弱了,他甚至都无法感知疼痛,所以医生没有打麻药。医生认为,他可能也听不见别人说话的内容。像医生们说的那样,他好像已经死了。有人突然说:"除非出现奇迹,没人能救得了他!"

外科主治医师脱下了白大褂,正准备离开手术室。年轻的实习医生询问:"我可以试试吗?"主治医生同意了,随即走出了手术室。

拉斐尔在生与死的边缘,他的意识无法指挥他移动身体。但由于他之前从励志图书中汲取了养料,形成了积极的心态。

实习医生靠近拉斐尔,看着他的脸,发现他的眼皮动了,左眼眼角流下了泪水。"医生,医生,快点来!他还活着!"实习医生激动地大叫。

拉斐尔花了一年多的时间,身体才得以康复。拉斐尔真的活下来了!

几年后,拉斐尔从圣胡安来到芝加哥,邀请本书的作者主持3个晚上的积极心态交流会。就是在那个时候,拉斐尔讲述了在他人生中那个重要的晚上发生的事情。

他的故事让我们深受启发,但更让人钦佩的是,自从他再次活过来,他一直努力地兑现自己的承诺——帮助他人。所以,我们受邀来到圣胡安参加这次交流会。

我们抵达圣胡安后,拉斐尔带着我们会见了之前整夜为他救治的主治医生,这位医生也证实了拉斐尔的经历。

拉斐尔的经历向我们说明了一个道理,励志图书对于改变人们的生活发挥着巨大的作用。

你正在阅读的励志图书也能激励你，这些书就像催化剂一样，促使你开启人生旅程，采取积极的行动，实现目标，走向成功。

书是催化剂。词典将物理和化学中的催化剂定义为：改变或加速化学反应的物质。词典进一步指出，负催化剂会减缓物质的反应速率。

所以，本书作者建议你把优质的励志图书当成催化剂，推动你不断进步，实现真正的成功。但是谨记一点，认真仔细地选择催化剂。

保持健康的体魄也是在保卫生命，你可不要对此产生误解。因为健康的体魄是你最宝贵的资本，所以当下很多人愿意用自己的财富"换"他们健康的身体。

"我想要健康的身体而不是金钱！"我曾听说，在俄亥俄州的克利夫兰市一家生产型企业的一个职工身体健康，满怀志向，年仅18岁，早早立下了要成为世界首富的远大志向。到他57岁时，医生强令他退休以休养身体。因为他与很多美国商人一样，身体都有一些毛病，比如胃溃疡和神经紧张。

金钱能买来健康的身体、更长的寿命以及他人对你的尊重吗？约翰·D.洛克菲勒在退休后，其主要目标就是锻炼出健康的身体，保持良好的心态，延年益寿，赢得他人的尊重。钱能买到这些东西吗？不能！下面讲述洛克菲勒是如何做到这些点的，希望你能有所启发。

每周日记录今后可能会用到的行事法则。

每晚要睡够8个小时，白天小睡一会。好好休息，避免过度疲劳。

每天坚持洗澡。

搬到了宜居的佛罗里达州，这里有助于身体健康和长寿。

生活方式要健康均衡。他每天都会做自己最喜欢的户外运动——打高尔夫，这时他会呼吸一下新鲜空气，晒晒太阳。他也非常喜欢在室内定期运动、阅读图书或进行其他活动。

细嚼慢咽，吃饭适量。待咀嚼的食物和唾液融合后再吞咽，这样有助于消化。

汲取精神养料。他在每顿饭前都有一个习惯，即让助理、客人抑或他的家人为他朗读诗集、报纸、杂志或图书中的励志内容。

他全职聘请了汉密尔顿·菲斯克·比加博士，其工作职责就是使洛克菲勒身体健康、心情愉悦。比加博士通过鼓励病人培养乐观的心态，出色地完成了工作。洛克菲勒活到了97岁。

他不希望他的亲朋好友延续对他的怨恨，所以，他机智地将自己的一部分财产赠予了需要之人。

起初洛克菲勒基本是为自己考虑，比如他想要一个良好的声誉。然后发生了一些事情，他开始慷慨行事，渐渐变成了慷慨之人。他通过做慈善活动使很多人得到了健康的身体和幸福的生活，他自己也收获了健康的身体和幸福的生活。

他成立了基金会造福后代。他一直都在行善,正是因为他的善举,这个世界变得更加美好!

你不必腰缠万贯,但你须要知道的是:乐观的心态能带来健康。与此同时,仅有乐观的心态还不够,你还须要掌握其他的能力,学习有关健康的知识就是其中之一。不要忽视你的健康!

健康状况的不确定性会削弱积极心态的力量,因为它会让你过分关注病痛。这种疑虑的状态延续时间越长,你的乐观心态转变成消极心态的可能性就越大。如果你的疑虑确实须要引起关注,而你总不行动,你的疑虑就可能会加剧。所以,不要担忧你的健康状况,行动起来吧!

下面的故事的主人公是一位年轻有为的汽车销售经理。他的前途一片光明,但他很消沉。事实上,他觉得自己快死了,甚至为自己安排好了后事,买了一块墓地,做好了安葬的一切准备。他还变卖了家产。但事实的真正面目是这样的。

某段时间,他的身体出现了一些症状——胸闷气短、心跳加速、喉咙阻塞而难以发声。之后,他找到了自己的家庭医生,这位医生既精通内科又懂外科。医生看了他的病后,建议他好好休息,别给自己太大压力,暂停他热爱的汽车销售工作。

这位销售经理待在家里休养了一段时间,但是由于对病情的担忧,他一直高度紧张。而且,他还是会出现之前的症状。到了夏天的时候,医生建议他去科罗拉多州散散心。

他听取了医生的建议来到科罗拉多州,住进了普尔曼的豪华酒店。那里气候适宜,群山万壑,但他依然愁眉不展,难露笑脸。并且,之前的症状频繁地发作,所以不到一个星期,他就返回了家。他觉得自己死期将至。

和大多数人的劝慰一样,本书的作者之一告诉他:"不要胡思乱想了!赶紧去大医院检查身体,要去像明尼苏达州罗切斯特市的梅奥兄弟诊所一样的大医院,这样做有百利而无一害。快去检查吧!"在作者的建议下,他的家人把他带到了罗切斯特市,他一直担心自己可能会死在路上。

到了诊所,做完了检查,医生告诉了他的病症。医生说:"你吸氧过多。"他苦笑着说:"这太离谱了吧!"医生说:"不信的话,你跳50下。"跳完后,他胸闷气短、心跳加速,出现了和之前一样的症状。

他问道:"我该怎么办呢?"医生回答:"下次再有这种症状的时候,你可以拿一个纸袋辅助呼吸或者屏住呼吸一段时间。"随即医生就给了他一个纸袋。他按照医生的指示做,果然心跳没那么快了,呼吸顺畅,嗓子也不难受了。他高兴地离开了诊所。

之后,每当出现之前的症状时,他都会屏住呼吸一小会儿,身体就恢复正常了。几个月过后,他不再担惊受怕,那些症状也都消失了。这个经历是在15年前,自那以后,他再也没有去医院检查。

当然,并非所有的疗法都像这个疗法一样这么容易见效。要耐心且积极乐观地寻找有效的救助,这是明智之举。这些举动会大有成效。另外一名销售经理就是这样做的。让我们一起了解他的故事。

治愈的方法总是有的——找到它吧。这位销售经理入住了一家小酒店，但是在进门的时候，他意外摔断了腿。这家酒店经理带他去附近的医院就诊。几天后，他的腿能动了，以为并无大碍的他就返回了家。

可腿伤并没有康复。在他的家庭医生的治疗下，他休养了好几周。病情有所好转，但伤口还没有愈合。又过了几周，医生告知，他的病情在持续恶化，他可能会变成残疾人。这位销售经理愁容满面，因为他工作时要不停地行走。

他与本书的其中一位作者讨论过此事，作者说："不要相信他的话！治疗方法总是有的，找找看。不要胡思乱想，现在就行动起来！"作者告诉了他那个汽车销售经理的故事，就是我们前面讲到的故事。所以作者建议他去梅奥兄弟诊所。

他也高兴地走出诊所。为什么呢？因为医生告诉他："你的身体缺钙。我可以给你开一些钙片，记住每天要喝一杯牛奶。"他听从医嘱，确实这样做了。没过多久，那条受伤的腿就变得和健康的腿一样强壮。

身体出现状况时，要保持心态乐观。从上面的故事中，你或许受到了一些启发，即在生活中要处处留心，保持对生活的激情，这样才能保卫生命，保护财产。

确保不要自掘坟墓。有一份报纸，曾刊登了一则新闻，导语是：

司机超速行驶，酿成重大车祸，致6人死亡。

如果你想要身心健康，请谨慎驾驶。行人也要注意安全，遵守交通规则。为了安全，不要醉酒驾驶；不要乘坐有故障的车辆，即使那是你的车。

安全至上，积极心态挽救生命。保诚大厦是造价高昂的办公大楼，一共有41层，每层的造价都高达100万美元。为什么造价这么高？因为，该大楼在建造过程中，无一起重大事故发生，无一人牺牲。相关人员在积极心态的作用下，安全方面的投入很高。

相反，消极心态下的愚昧无知和粗心大意导致了一系列的惨案。

当然，没有人能预知悲剧。但是做好万全的准备，总是没有错。如果你有积极的心态，你就会做好准备。凯蒂就做好了这样的准备。

当悲剧来袭，凯蒂失去了9岁的儿子，那是她唯一的孩子。她不懂生意，也没接受过相关的训练，却有着坚定的信念。她认为，虽然失去了唯一的儿子，但她仍要好好活着，继续工作，为这个世界贡献自己的微薄之力。但是，她怎样才能宽慰身心，继续好好地生活呢？

凯蒂决定，为了减轻自己的痛苦，填补生命中的巨大空白，她要让自己忙起来，即使再也不能为自己的儿子带来快乐，但仍可以为别人带去快乐。

所以，她在一家能让人忙碌起来的餐厅找到了服务员的工作，工作时间很长，工作性质要求她必须和善地与客人交流，积极地为客人服务。因为她有着坚定的信念，待人真诚，工作一段时间后，她的痛苦慢慢消散，身心渐渐恢复健康。

实际上，身心健康受到许多内部因素的影响，其中一个因素就是内心。

积极心态会使你的身心健康。同时，培养和保持积极心态的确须要付出努力和耐心，须要不断加以应用实践。另外，明确的目标、清晰的思路、独到的远见、勇敢的作为、坚持不懈的品质和正确的感知力，结合你的激情和信念，定会帮助你形成进而保持积极心态。

当你实现目标时，前面是什么？幸福就在眼前。

如果你此刻很快乐，那么你会希望保持这份快乐，在生活中增添更多这样的美好时光。如果你此刻闷闷不乐，那么你须要学习如何发现快乐之源。让我们继续阅读下一篇文章，找到其他的成功法则，在追求幸福的道路上越来越顺畅。

指导思想回顾 17

1. 你可以拥有健康的体魄。心态影响身体健康状况。

2. 积极乐观的思维能够改善你的情绪。那些左右你心态的事物也会影响你的身体状况。

3. 身边至亲的乐观态度或许能影响你的健康状况。

4. 学会用乐观的心态看待问题，不要像那位建筑师的妻子一样消极悲观。正是她的消极心态促使她走向了死亡。

5. 培养乐观的心态，这种心态会从潜意识传递到你的意识中。倘若你有这种心态，它会在危急关头进入你的意识。

6. 阅读励志图书，这有助于自我激励，积极行动，最终实现所想所愿。

7. 学会使用17条成功法则，并在你的生活中应用其中。

8. 世界上所有的财富都不能买来健康的身体。但是，你可以讲究卫生，养成良好的生活习惯，这样就能保持身体健康。请记住，洛克菲勒正是因为身体不佳不得不在57岁的时候退休，但是乐观的心态和健康的生活方式使他活到了97岁。

9. 有着积极心态的人能够认识到身心健康和社会卫生知识的重要性，因为忽视这些方面会招致罪恶、疾病和死亡。所以，要及时了解你的身心健康状况和精神状态。

10. 永远不要放弃希望，因为每一种疾病总会有治疗方法。在合适的时机寻求适当的帮助，保持心态乐观，不要胡乱猜测自己的健康状况。

11. 怀有积极心态的人会随时随地注意安全，所以他们不会发生意外事故和悲剧。即使悲剧来临，怀有积极心态的人也会保持镇静，冷静应对。

12. 在积极心态的作用下，你会有健康的体魄和健全的人格。请记住，积极心态是身心健康、延年益寿的秘诀。

你能吸引快乐吗

亚伯拉罕·林肯曾经说过:"据我的观察,一旦你想要成为什么样的人,你就会变成这样的人。"

人与人之间的差别不大,但就是这个微小的差别发挥着重要的作用!这一微小差别就是态度不同。把人区分开来的就是积极抑或消极的态度。

快乐的人往往心态乐观,他们能吸引快乐,而那些消极心态的人往往是不快乐的,他们不会吸引快乐,只会排斥快乐。

收获快乐最有效的方法是尽力给别人带去快乐。快乐的情绪短暂且难以捉摸。如果你刻意寻找快乐,你会发现快乐的事物在远离你。但是如果你尽力给别人带来快乐,那么你的生活就充满快乐。

克莱尔·琼斯——俄克拉荷马州立大学一位教授的妻子,她讲述了他们夫妻二人在婚后早期的快乐时光。她回忆着,说道:"刚结婚的前两年,我们住在一个小镇上。邻居是一对年老的夫妇,这位妻子是几乎失明的状态,终日坐在轮椅上,而老伴儿的身体状况也不太好,须要料理家务,还要照顾妻子。

"圣诞节前夕,我和丈夫正在装饰我们的圣诞树,当时突然想着也为这两位老人搭建一棵圣诞树。于是,我们买了一个小圣诞树,用金属丝和各种灯饰装扮一番,上面还挂了一些小礼物,然后在圣诞节前夜把这棵装扮好的圣诞树送给了这家邻居。

"这位奶奶盯着忽闪忽现的灯光,忽然哭了起来。她的老伴儿嘴里一直念叨'我们已经有很多年没有装饰过圣诞树了'。第二年,我们去看望他们的时候,他们还谈起这棵圣诞树。

"下一个圣诞节来临的时候,夫妇俩都去世了。我们为他们做的只是一件小事,但是我们很庆幸我们这样做了。"

之后,每当想起这件事的时候,他们会因为当时的善意之举,深感暖意和快乐。因为对于行善之人来说,那是一份特殊的幸福。

但是,我们生活中最常见的也是最持久的幸福状态是知足常乐的状态,介于快乐和不快乐之间。

在某段时期,如果你处于快乐和不快乐中间的状态,那么在那段时间,你往往感觉很快乐。

你可以选择变成快乐的人、知足的人抑或不快乐的人,决定权在你的手上。这在很大程度上取决于积极抑或消极心态的作用,而这态度由你掌控。

身体缺陷并不是幸福的障碍。如果有人应该抱怨这不幸的遭遇,海伦·凯勒绝对算是一个。她生来失明、失聪,也不能说话,几乎没办法正常地与身边的人交流。通过触摸人和事物,她才能体会到那份爱与被爱的快乐。

她的确感受到了外面的世界。一位具有奉献精神且聪慧的老师,用其爱心浇灌着海伦·凯勒的内心,所以她这样既没有听力、视力,也不会说话的人得以变成一个聪慧、充满快乐和幸福的女子。以下是凯勒的分享。

任何善意之人的鼓励的话语、甜美的微笑抑或帮助他人消除障碍的贴心之举会让他们充满暖意，成为他们生活中不可或缺的一部分。克服难以解决的困难，加速成功的步伐，其中的快乐是任何东西都无法比拟的。

　　如果那些追求幸福的人停下来回味一番，他们会发现自己是多么幸福，拥有着无穷无尽的快乐，就像清晨花瓣上有无数的露珠。

海伦·凯勒非常珍惜这种幸福感，感恩身边的人为她所做的一切。于是，她把这份特殊的幸福感与他人分享，把快乐带给他们。因为她分享的是美好且令人期待的事物，所以她吸引来了更多美好且令人期待的事物。你分享得越多，收获就越多。如果你与人分享快乐，那么你就会变得越来越快乐。

　　如果你与人分享的是痛苦和不快，你自己也会变成这样。我们都知道那些麻烦不断的人遇到的不是问题，也不是潜在的机会，而是真正的麻烦。无论他们身上发生什么事，估计都不是好事儿。这是因为他们总是给别人带来麻烦。

　　所以，很多人倍感孤独，渴求爱情和友谊，但似乎永远都得不到。一些人心态消极，排斥爱情和友谊；另一些人蜷缩在自己的角落里，从不勇敢地争取。他们心中也希望那些美好的事物来到身边，却不与他人分享那份美好。他们不知道，那些美好的事物不与人分享的话，就会慢慢消减。

　　但是有另外一类人，他们充满勇气，尽力做些事情消除内心的孤独感，所以最终在与人分享美好的过程中，找到了驱散孤独的秘诀。这里有一个这样的小男孩。他确实深感孤独和不快乐。因为他一出生就驼背，左腿弯曲。医生看着这个刚出世的婴儿，安慰孩子的爸爸说："他会慢慢好起来的。"

但他们家境贫寒，孩子的母亲在孩子1岁的时候就去世了。长大后，他因为身体缺陷，参加不了很多活动，小伙伴们都不和他玩耍。这个孩子就是查尔斯·斯坦梅茨（Charles Steinmetz）。他的确感到孤独和痛苦。

他虽然身体有缺陷，但颇具智慧。他利用自己的智慧克服了身体上的缺陷，非但没有放弃自己，相反还努力地提高自己的智力。所以，在5岁的时候，他就能识别拉丁语动词的各种变化形式；7岁的时候，学会了希腊语和希伯来语；8岁的时候，通晓代数和几何。

上大学时，他的各门学科都很出色。最终，他以优异的成绩毕业。他为了能够租一套西装在毕业典礼上穿，平日非常节省，但是，总是有一些人，心态扭曲、残忍地伤害查尔斯，而学校在公告栏张贴告示，把查尔斯从参加毕业典礼的名单上剔除。

最后，查尔斯明白了一个道理，与其通过让他人关注自己才能赢得他人的尊重，不如好好经营一份友谊；与其用自己的小聪明吸引他人的注意力，满足自己的虚荣，不如为人类做出一些贡献。于是，他乘船来到美国，开启了一种全新的生活方式。

查尔斯抵达美国后，开始找工作，但是，因为他的外表，屡屡被拒之门外。不过还好，他最后终于找到了工作，在美国通用电气公司当绘图员,每周薪水12美元。工作中,他除了完成绘图任务外,还潜心研究电气原理。在与同事的相处中,他与他们分享那些美好且令人期待的事情,以此培养同事之间的友谊。

一段时间后,通用电气公司董事长发现他天赋异禀,对他说:"这就是我们的工厂,你可以做你想做的任何事。你可以放开手大干一场,总公司在背后会大力支持你。"

查尔斯长期兢兢业业,对工作不敢有一丝松懈。在其一生中,他申请了多达200项的电子发明专利,并著有许多电气理论和工程问题方面的论文或图书。工作上的成绩让他充满了成就感。因为他知道,他的这些贡献会让这个世界变得越来越好。渐渐地,他积累了一些财富,还组建了一个温馨的家庭。查尔斯过上了既充实又充满幸福的生活。

家是幸福的起点。我们人生中的大部分时间都待在家里,与家人一起度过。家本应是充满快乐、爱和安全感的港湾,但是在现实中,很多人的家反而变成了敌对的场所,家人们关系不和睦,终日唉声叹气。当然,家庭矛盾肯定是多方面原因造成的。

在教授积极心态成功学的课程中,老师向一位极具天赋、朝气蓬勃的年轻人发问:"目前,你的人生出现问题了吗?"

"出现了,"他回复道,"我的问题跟我的母亲有关。其实,这周我已经打算搬出去住。"

老师让他具体谈谈。我们听罢发觉他的问题很明显,就是与母亲关系很僵。站在旁观者的角度来看,他和母亲都比较强势，有很强的控制欲。

当家人们站在一起须要面对共同的外来入侵者时，虽然他们都是独立的个体，但在这种情况下，无论他们的关系和睦与否，他们都会形成合力对抗外敌。

老师继续说道："事实上，你和母亲的行为举止非常相似，看到她的所作所为，你也可以类推到自己身上。或许，你可以站在自己的立场上想想母亲的感受；或许，你可以轻松地打破你们之间的僵局！

"当两个人的个性不合，但还得和睦地生活在一起时，两人中至少得有一人保持乐观的心态。

"你本周的具体任务是：当你的母亲让你做事时，你就高高兴兴地照做；她发表意见时，你就愉快地支持她，不要说反对的意见；你想指出她的错误时，记得好好说话。如果你能做到以上的这些事情，你就会有一段愉快的经历。而且，你的母亲可能会效仿你的做法。"

"这招没有用的！"这个年轻人回答，"我母亲太难相处了！"

老师回复说："你说得没错。除非你以乐观的心态做这些事，否则这招不会奏效。"一周过去了，老师问这位年轻人和母亲相处得如何。他回答道："我太高兴了，我和母亲一周都没有拌嘴。你或许愿意听到这个消息——我现在愿意继续留在家里。"

父母不了解自己的孩子时，往往就会认为，孩子应该都喜欢他们喜欢的东西，应该按照他们的方式生活。人们往往喜欢以己度人，这对关系僵持的母子就是如此。还有一些关系不和的家庭，父母不知道自己的孩子独一无二、与众不同。错误之处在于，他们往往没有意识到，时代在改变，父母和孩子的观念也处在不断变化之中。他们无法调整自己的心态，使之适应他们和孩子观念的变化。

"我无法理解我的女儿！"父亲说。有一位律师，他和妻子育有5个孩子。但他们终日闷闷不乐，因为正在上高一的大女儿总是跟他们对着干，不按他们期望的方式行事。当然，这个女儿也很不开心。

"我的女儿很优秀，但我无法理解她，"父亲说道，"她不喜欢做家务，但弹起钢琴来不知疲倦。有一年暑假，我给她在商场找了一份暑期工作，她却不乐意。她只想每天练钢琴。"

本书其中的一位作者建议父母和孩子分别做一份调查问卷，这个问卷就在本书的第二部分。他们的调查结果让人寻味，因为结果表明：与父母的任何一方相比，这个女儿理想更加远大，精力更加旺盛，更有个性。父母认识不到这个女儿的独特性，所以很难理解女儿反馈给他们的信息。

父母想当然地认为，弹钢琴固然很好，但是对于女孩来说，也须要做做家务，暑期打打零工，妄想成为钢琴家就是浪费时间。父母解释说："她总是要嫁人，免不了要干家务活。现在练练手，将来总是有用的。"这个时候，女儿就会站出来为自己辩解。这就是父母不理解自己的原因，我想往这边走，父母偏偏让往另外的方向走。如果三人能够知道问题的根源，以积极的心态面对这个问题，那么他们之间的相处就会相当愉快。

想要拥有一个和睦的家庭，理解是前提。如果你想要快乐，就要设身处地理解他人，因为我们必须知道一个道理——每个人的能力和兴趣点都是与众不同的，所以其思考方式也是大相径庭的。我们要明白，你喜欢的东西未必也是他人所爱。如果你能认识到这一点，那么你会发现保持乐观的心态，尊重他人的选择，并非那么困难。

磁铁的两极相互吸引，性格迥异的两个人也是如此。如果两人处在一个共同体中，即使双方的性格在很多方面都不相同，他们也会相处得很好。可能一个人的个性强势、雄心勃勃、自信乐观、动机性强、精力旺盛、坚持不懈，而另一个人的个性易满足、胆怯害羞、恐惧社交、含蓄委婉、谦虚谨慎、自卑，尽管如此，双方往往能相互吸引，两者联合能起到相辅相成、相互鼓励的作用。

双方的个性融合在一起，通过调和避免了极端化。一人可能太强硬，另一人太自卑，这种极端的现象就避免了。

如果你与性格相像之人结婚，你会高兴、幸福吗？要诚实作答啊。答案可能是"不会"。

孩子们也是这样。我们经常教导孩子要学会理解和感恩父母为他们所做的一切，而孩子们不这样做，这就是家庭不幸福的原因。但这是谁的过错呢？孩子的错？抑或父母的错？还是两者兼有错？

前一段时间，我们与一个大型成功企业的总裁会面。全美著名报刊常常在醒目的版面报道他的新闻，夸赞他在任职期间功勋卓著。但是我们一见面就看出他一点都不快乐。

"没有人喜欢我！甚至我的孩子也恨我！这到底是为什么？"他问道。

实际上，这个人的动机是好的，比如他的孩子想要什么，他都会一一满足；他总是有意地不让孩子们做想做的事，让他们像成年人一样行事；他总是保护他们，不让他们受到一丝伤害；他浇灭了孩子们奋斗的决心；他从来不会要求孩子们感恩自己，也从未这么期望过，但他依然相信孩子们总有一天会懂他的用意。

如果他能让孩子们学会感恩，放手让他们自我探索和奋斗，那么情况就会大为不同。他执着于给孩子们带来幸福，却未能教会他们如何给别人带来快乐，所以，孩子们总是惹他生气。如果在孩子成长的过程中，他能与之好好沟通，把自己经历的挫折告诉他们，向他们表明这美好的一切多么来之不易，或许孩子们能够理解他们父亲的用意。

但这位父亲及情况相似的人不必总是闷闷不乐。他们可以保持积极的心态，真诚地希望身边的亲人能够了解并理解他们。

另外，他可以通过分享自己的故事，慢慢地向孩子们证明他的爱，而不是把他已有的物质财富直接给予孩子们。如果他能把这份心思用在分享自己内在的东西上，那么孩子们肯定会回报给他丰厚的爱与理解。

当然，这个人的本意是好的，他对自己的孩子和他人并无恶意。但问题在于他不求回报，只是简单地认为孩子们总有一天会懂，却没有花费心思帮助他们理解自己。

此刻，这个人须要阅读励志图书帮助自己。我们向他推荐了几本书，其中一本叫《如何交朋友和影响他人》(*How to Win Friends and Influence People*)。另外，我们还告诉他，要把孩子当成独立的人看待。

语言既能吸引快乐，也能赶走快乐。无论你是谁，你都是一个很棒的人！然而某些人可能并不这么认为。如果无论你说什么话，做什么事，有些人总是无端地怀疑你，那么你就得想办法应对问题。毕竟，他们和你一样，都是有感情的人。

你身上既具有吸引力也有排斥力！你可以选择与真诚的朋友交往，与不真诚的朋友保持距离。但是，当你心态消极时，你往往会不自觉地排斥生活中的美好，吸引一些不值得的人，比如损友。

你的言论及你说话的方式，抑或你内心真实的想法和态度，决定了别人会如何看待你。你的声音，就同音乐一样，展现了你的情绪、态度，表露出了内心的想法。你可能难以意识到自己的错误，但当你意识到的时候，你就会主动纠正错误，这是你能够做的事情。

对此，你可以向优秀的销售员学习，因为他们出于职业习惯，往往能够判断出目标客户，然后采取行动拿下这个客户。

客户至上是成功人士的工作理念，可是我们普通人很难做到这一点。但这一理念的确奏效！

如果你能像销售员积极地对待潜在客户那样，用积极的态度善待自己的亲人，你的家庭氛围就会很和谐，你的人际关系也会很成功，即使你与家人性格上有冲突。

如果他人的言语抑或说话的方式经常得罪你，那这很有可能是因为你经常以同样的方式冒犯别人。试着找出他人得罪你的原因，避免再去伤害他人。

如果流言伤害了你，那么你就不要随意八卦别人，给别人带来同样的伤害。

如果你发现某人对你的语气和态度令人反感，那么你的言行举止就不要以同样的方式令别人生厌。

如果某人愤怒地对你大喊，让你不快，那么你就不要以同样的态度吼别人，即使是你5岁的儿子抑或关系亲密的人。

如果别人误解了你的用意，冒犯了你，那么你就坚定地说出你的想法，打消别人的疑虑。

如果他人的讽刺、朋友和亲人的嘲讽等负面的情绪都冲你而来，你必然会非常难受，那么你就不要以同样的方式把这种情绪传递给他人。

如果你喜欢他人的赞扬，希望被他人挂念，开心于被别人惦念，那么可想而知，他人也希望被你赞扬、被你惦念，抑或希望你写字条告诉他们，你牵挂他们。

你能吸引幸福吗？答案是肯定的。你当然可以吸引幸福。如何吸引幸福呢？用乐观的心态吸引幸福。

积极的心态能为你带来健康的身体、巨大的财富和你所渴望的幸福。积极的心态还能为你带来信念、希望、慈悲、乐观、慷慨大度、智慧、善良、诚实、好的发现、主动性、真理、直率的个性和良好的判断力。

拿破仑·希尔曾写过一篇关于满足的文章。这篇文章对你

颇有帮助，内容如下：

世上最富有之人住在"欢乐谷"。他拥有永远有价值的、无法失去的东西，这些东西能给他带来满足感、健康的身体、平静的内心和灵魂的安宁。

下面所述就是他的财富及获取这些财富的方式。

帮助他人使我拥有了快乐。

营养均衡，饮食合理，使我身体健康。

我不记恨，也不羡慕任何人，但我爱人，尊重他人。

我热爱我的工作，这也是我的兴趣所在，所以我很少感到劳累。

我每天都希望拥有更多的智慧，能够辨别、欣然接受和享用我身上的财富。

我从不诽谤他人。

我不求他人的帮助。

良知能指引我走在正确的道路上。

我的物质财富远远超出了我的需求，但是我不贪婪，我只需要生活的必需品。

我在"欢乐谷"里拥有的精神财富是不须要缴税的，因为这些无形的财富存在于我的脑海中，所以无法被征税，也不能被挪用，想拥有此的人必须采用像我这样的生活方式。我观察自然法则，养成自己的习惯，竭尽一生才收获这些无形的财富。

"欢乐谷"的这条成功法则没有专利权。如果你使用这一法则，它就会给你带来智慧、宁静和满足。

关于幸福的话题，拉比·路易斯·宾斯托克（Rabbi Louis Binstock）在他所著书《信念的力量》（The Power of Faith）中有所解释。

"凭借已有的信念——对自己的信念、对同伴的信念、对改变人生的信念，才能成为完整的人。只有这样，世界才能变成统一的整体；只有这样，人们才能找到快乐和平静。"

请记住：人对了，世界就对了。你既能吸引快乐，也能吸引财富、痛苦和贫穷。你的世界对了吗？负罪感是否让你无法获得你想拥有的成功？如果你是这种情况，那么为了确保你快乐地生活，请阅读下一篇文章。

指导思想回顾 18

1. 亚伯拉罕·林肯曾经说过这样一句话："据我的观察，一旦你想要成为什么样的人，你就会变成这样的人。"

2. 人与人之间的差别并不大，但就是这个微小的差别发挥着重要的作用！这个微小差别就是态度。把人区分开来的就是积极抑或消极的态度。

3. 最有效的收获快乐的方法是尽力给别人带去快乐。

4. 如果你刻意寻找快乐，你会发现快乐的事物在远离你；但是如果你尽力给别人带来快乐，那么你的生活就充满快乐。

5. 如果你与人分享的是美好且令人期望的事物，那么你也会收获这些东西。

6. 如果你与人分享的是痛苦和不快的事物，那么你收获的也是这些东西。

7. 家是幸福的起点。同优秀的销售员极力向目标客户推销产品一样，你要多鼓励家人。

8. 两人的个性不合，但还得生活在一起时，两人中至少有一人须要拥有乐观的心态。

9. 设身处地为他人考虑。

10. 你愿意满足地生活在"欢乐谷"吗？

消除内疚感

有内疚感是好事！但要学会消除内疚感。

每个活生生的人，无论优秀与否，都会有内疚感。

请你试想一下：如果一个人做错事后并无丝毫的内疚感，会怎么样呢？那些做错事后无内疚感的人往往无法辨清是非，或者没有人告诉他们是非黑白的区别，或者他们的心智不健全。

人们在了解具体的道德标准后，一旦违反了标准，内疚感就产生了。

我们还要重申一遍：有内疚感是好事。因为内疚感甚至可以激发高尚品德的人思考并采取行动。

本书提到的那个迷途知返的人向男孩俱乐部捐了50万美元。因为内心的内疚感，所以他才会通过这种方式进行自我原谅。除此之外，他还希望通过捐赠，使这些少年不会和他一样，误入类似的歧途。

慈善家阿尔伯特·史怀哲（Albert Schweitzer）博士也是出于内疚，所以受到了启发。他的内疚感源于自己未能承担起对同胞应负的责任。他可以做一些有意义的事情，但他没有做，正是这种内疚感激励着他履行伟大使命。

内疚感加上积极的心态是好事，这个道理你明白了吗？如果你有内疚感，但是心态不好，这就是件糟糕的事情了。

并非所有内疚感都会带来有益的结果。倘若一个人有内疚感，却没有采取积极的行动消除内疚感，这往往带来消极的影响。

著名的精神心理学家西格蒙德·弗洛伊德（Sigmund Freud）说过："随着工作的深入以及对精神分析的进一步理解，我们发现有两种现象越明显，就越需要我们密切关注，而不是试图对抗。这两种现象可以用几个词来概括，如'病理性的''心理上的痛苦'等。其中，第一种现象是由于内疚感或负罪感的出现。"

弗洛伊德的观念是正确的。因为内疚感会催使人们终结自己的生命、伤害自己的身体。不过幸运的是，在当今时代，文明的国度不提倡这样的方式，所以很少有人这样做。但还是有此类人存在。他们的意识中虽没有内疚感，但是内疚感存在于潜意识中。

人的潜意识中一直存在内疚感。

潜意识的力量和意识的力量同样发挥作用，对于那些没有以积极心态克服内疚感的人来说，潜意识中的内疚感就会产生影响，它会促使人生病，让人不断承受内心的煎熬。

内疚感教你设身处地为他人着想。设身处地为他人着想是我们每个人应有的品质。新生儿不会考虑也不会在乎给别人带来不便和麻烦，必须得到想要的东西，但在其成长的道路上，他们学到这一个道理，即这个世界上除了自己以外还有很多人，所以在某些程度上要学会替他人着想。只有通过不断地成长才能削减自私的程度。当我们步入老年，我们就会明白自私不是好事，一旦我们自私惯了，内疚感就会深深地刺痛内心，但这又是件好事。

托马斯·甘恩有一个6岁孙子，这个孩子来到位于俄亥俄州克利夫兰的家中看望爷爷。每次爷爷忙完工作下班后，他的孙子都会跑到街角迎接他，他高兴坏了。每次孙子迎接他的时候，他都会给孙子一把糖果。

有一天，这个孙子依然跑到街角，兴奋地迎接爷爷，用期待的声音问道："我的糖果呢？"爷爷故意拉下脸，犹豫了片刻，说道："难道你每天来接我就是为了这一包糖果？"爷爷从口袋里拿出了糖果，递给了孙子。孙子什么都没说就一起走回了家。孙子感觉很受伤，一直闷闷不乐，就连糖果都没有吃。而且，那些糖果对他再也没有吸引力了。

那晚，这个6岁的孙子说道："希望我的爷爷知道我爱他。"

说完这些话后，孙子心中的不快和懊悔得到了释放。为什么呢？因为正是那股内疚感，促使他采取积极的行动消除内心的负罪感，改过自新。

内疚感是多方面的原因造成的，内疚感相应地会带来亏欠感，所以我们必须减少并消除这种亏欠感。

劳埃德·道格拉斯所著《天荒地老不了情》一书中，那位年轻医生的故事就说明了这个道理。让我们回忆一下那个故事。那位年轻的医生是一位英雄，常常觉得自己亏欠了这个世界，因为为了挽救自己的生命，一位具有奉献精神的著名脑科医生牺牲了。

但正是这种亏欠感，这位年轻人得以成了专业的脑科专家，水平与为之牺牲的那位医生不分伯仲，并且，从那位医生留下的日记中，他学到了人生的哲理，这个哲理让他形成了强大的信念。所以，他才能从一个内疚的人变成具有价值的人。

但是故事毕竟是别人的。在每天的日报上，你都会读到别人的故事，比如吉姆·沃斯因为下定决心消除内疚感，所以他在很多方面采取积极的行动，拯救了自己。

消除内疚感的方法：采取积极行动！有时候，人们一旦误入歧途，似乎很难自拔，这是因为他们放弃了挣扎。他们变得越来越纠结，直到一个重大的转折拯救了他们。这就是吉姆·沃斯的故事。

"我愿意这样做"这几个字拯救了吉姆·沃斯的一生，虽然直到人生的后半段他才懂得这个道理。因为吉姆不断犯错，第一次犯错是在大学时期，偷了92.74美元，来到机场，买了张机票去往佛罗里达州。没过多久，他因抢劫被抓，进了监狱。出狱后不久，他参军去了部队。即使在部队，他还是闯祸。军事法庭对他下了判决书："因将国家财产据为己有，判决如下……"

可想而知，吉姆·沃斯的人生一直在走下坡路。犯错的次数越多，他就越有负罪感。负罪感又使他犯下了一项又一项的罪行，还导致了谎言和欺骗。

潜意识中的负罪感还存在，而且还在不断累加，这点吉姆意识不到。

后来，正如报纸上报道的那样，一件刻骨铭心的事唤醒了他。

吉姆离开了部队，结婚了，并且搬到了加利福尼亚州，在那里成立了一家咨询公司。有一天，一个名叫安迪的人来到吉姆的公司，说有一个好主意，即运用电子设备窃听情报。没过几周，吉姆就卷进了黑社会。

有一天，吉姆和妻子吵架，妻子想知道这些钱都是怎么挣来的，但是他不能说。妻子开始哭了起来，吉姆有点看不下去，他爱自己的妻子，他的良心深受煎熬。当时，他为了让妻子高兴起来，决定开车带妻子去海边玩。在去海边的路上，他们赶上了堵车，数百辆车都堵在停车场门口。

这时，妻子爱丽丝说："吉姆，你快看。那是比利·格雷厄姆！我们去瞧瞧吧。"

吉姆为了不扫妻子的兴致，就跟着一起去了，但坐下来没多久，他就深感煎熬，因为他觉得比利·格雷厄姆的言语好像是专门说给他听的。让吉姆深受内心煎熬的言语，我们摘录出来好好看一看。比利·格雷厄姆的原话是这样的："如果一个人赢了全世界，却失去了灵魂，那么这对他有什么好处呢？"

然后格雷厄姆说："有一个人，想必我们以前都听过，他铁石心肠，骄傲地抬起自己的脖子，毅然决然地准备逃走，但这将是他最后的机会。"

最后的机会？对吉姆来说，这句话让他大吃一惊。也许他早有预感，抑或他已经准备逃跑。这句话是什么意思？

格雷厄姆发出了往前走一步的指令，希望人们跨出这一步，作出正确的决定。吉姆想知道接下来会发生什么事情，但是为什么吉姆想要哭一场？突然，他说出了这句话："爱丽丝，我们走吧!"爱丽丝照做了,跟着他走到过道,转身正要离开那个帐篷。吉姆跟着她,拉着她的胳膊往另一边走去。

"亲爱的,不是那边,是这条路……"

多年以后,吉姆完全改变了他的生活轨迹。他在洛杉矶发表演讲的时候,讲述了他那段陷入黑社会的经历。他说那天他本来是要飞往圣路易斯完成窃听任务,但是深受启发的他改变了主意。他说道:"我没去圣路易斯,但是我找到了心灵之路。"

吉姆在其演讲中表达了感恩之情,力图改过自新,恪守道德和法律。

演讲结束后,一位女士走了过来,说道:"吉姆先生,我想你可能不知道一些事。你本该去圣路易斯那次,我当时在市长办公室工作,对你的行动已有所了解,因为那天联邦调查局发来电报,告诉了市长一些情报。吉姆先生,如果那天你真去了圣路易斯,你肯定会当场被击毙。"

或许,你的"最后一次机会"不会这么戏剧化。尽管如此,我们从吉姆的故事中,还能吸取一些经验和教训。吉姆如何摆脱内疚感?其实,他的模式明白易晓,我们每个人都能按照这个模式消除内疚感。

首先,你要聆听内心的声音,这会改变你的一生。

其次,列举出你的幸事,感谢上帝的恩赐,真诚地表达你的歉意并请求原谅。其实,当你历数你的幸事时,你就不免会有内疚的感觉,真心想要悔改。

必须向前迈出第一步,这非常重要。因为走出这一步,意味着你就能改变人生的轨迹。吉姆走向过道的时候,已经懊悔于之前的过错，准备改变他的人生。

接着迈出第二步——立即改正每一个错误。

最后，这也是最重要的一步，约束自己。这听起来很容易，但是当你试图犯错时，这些道德约束会在你耳边轻声细语地提醒你。如果出现了这样的情况，你就停下来好好倾听。历数你的幸事，站在他人的角度审视自己。认真思考，如果你站在别人的立场，你会做出什么选择。

以上就是消除内疚感的推荐处方。如果你受到了诱惑，如果内疚感让你无法听取建设性的意见，释放你的能量，那就看看这个推荐处方。你可以把这个处方与你的生活联系起来，加以运用，一步一步地走向成功。

本书强烈建议你挖掘意识和潜意识的力量。

- 寻求真理。
- 采取建设性行动。
- 通过奋斗，实现人生最高的目标，使你的身体和心理一样健康。
- 充满智慧地面对社会。
- 避免不必要的伤害。
- 无论你是谁，无论你做过什么事情，从此刻出发，去往你想去的地方。

任何阻拦你实现人生最高目标的事物都应该被抛向脑后，你要担起这个责任，不管何时何地，明辨是非善恶。

你要把黄金法则和社会要求的道德标准烂熟于心，这会帮助你作出判断，实现你的预期目标。

埃德加·胡佛发表过这样的声明："翻看卷宗时，你可以读到众多的犯罪原因，但是犯罪的主要根源还是缺乏某种东西，即道德。"

道德缺失的原因在于缺乏内疚感，因为良知的弱化，无法指明方向，所以未能形成优秀的品质。

当一种美德与另一种美德相冲突时，很难决定应该说"是"还是"否"，这个问题其实就是道德冲突。在某些时候，每个人都会面对道德冲突，必须作出抉择，究竟是选择想做的事还是应该做的事、自己期望的事还是社会期望的事。

某些时候，我们必须在某些美德之间作出抉择，比如究竟是选择爱、责任抑或忠诚。具体的事例如下：（1）对父母的爱和责任与对配偶的爱和责任发生了冲突；（2）究竟应该对这个人忠诚还是另一个人忠诚；（3）究竟对个人忠诚还是对公司或组织忠诚。

让我们讲述一个与乔治·约翰逊共事的销售员的故事，他们之间面临抉择——究竟是对这个人忠诚，还是对另一个人或所在公司忠诚。

乔治·约翰逊曾经指导、激励和资助过一位推销员，他就是约翰·布莱克。乔治对约翰非常有信心，也非常喜欢他。乔治会安排他休假，会让他接洽最优质的客户（长期合作的稳定客户）。公司的规章制度规定：人事合同终止后，销售员不能以任何形式干扰公司的业务,扰乱销售部门。约翰逊先生给了布莱克一本书,名叫《思考致富》。这本书给了他很多启发,他立马行动起来,采取的却是错误的行动。其实,布莱克并没有读懂书中传达的思想。他唯一的兴趣就是挣钱,而且他往往以结果为导向。他总是以消极的心态冒进。

他说:"乔治·约翰逊就像我的父亲一样。我确实也把他当成我的父亲。"但说这话的同时,他已经将公司的客户和销售队伍秘密地传给了竞争对手,他这样做就是为了钱。

约翰把同事们邀请到家中,同事们当然也不知道他的用意和计划。他还会登门拜访那些诚实可靠的同事,试图把他们拉进自己的阵营。

所以,这些销售员被洗脑了。他们非常信任约翰和他背后的公司。

这些销售员还是讲义气的,他们试图清除约翰心灵的蛛网,告诉他这样的想法是不对的。约翰不听劝告,一意孤行,他们就明白自己该做什么了——他们告诉乔治这就是现实,所以最后选择忠诚于自己的老板。

正如亚伯拉罕·林肯曾经说过的那样:"人们会选择与合适的人共事。如果他是合适的人选,人们就与他并肩站在一起;而如果他走偏了,人们就会离开他。"

这些销售员作出了正确的决定,彰显了他们真正的人格。他们证明自己是具有勇气、诚实可信和忠诚的人。当道德层面发生冲突时,他们知道该如何加以辨别。

其实,这些冲突无处不在。在生活中,如果美德与行为之间出现分歧，你就须要作出正确的抉择。你的决定是什么？或许下面的内容能帮助到你。

不做昧良心的事就不会产生内疚感，这才是正确的做法。为了帮助你在这样的情况下作出正确的抉择，你须要完成下一篇文章中的成功商分析表。

指导思想回顾 19

1. 有内疚感是好事！但是要学会摆脱内疚感。

2. 采取积极行动改过自新，摆脱内疚感。

3. 消除内疚感。

（1）倾听内心的声音。

（2）列举你的幸事。

（3）真心悔改。真正的悔意会让你作出真诚的决定，停止犯错。

（4）迈出你的第一步——承认错误，弥补过错。

（5）竭尽所能改过自新。

（6）使用黄金法则。

4. 你肩负着明辨是非的重任，无论何时何地都要分清善恶。

第五部分 开始行动！

尊重那些身经百战之人，并认真地倾听他们的思想。你可以就一些问题自问：我愿意付出代价吗？我是否愿意汲取本书所举人物身上的优点——美德、知识和经验，而不学习他们的缺点？如果你的回答是肯定的，那么我的建议对你或许有所帮助。

成功商测试

本书只剩下最后三篇文章,那此刻就是审视你的心态的最佳时机,你可以自测啊。

但是在测试之前,希望你能知晓我们的态度——教育的重担落在教学的那个人肩上。

那么,学习的重担应该谁来承担?

教学的负担取决于想要教学的人。

学习的负担在于谁?也许米尔本·史密斯有答案,这个人从担任办公室助理的小男孩一跃成为美国芝加哥人寿保险公司的总裁。他告诉我们的道理如下:

> 学习的责任在于想要学习的人,而不是教学之人。
>
> 愚昧无知的人往往认为自己的主意才是对的。
>
> 复制成功!我所做的一切,都是从他人那里或者生意经上学来的。
>
> 尊重那些身经百战之人,并认真地倾听他们的思想。
>
> 因为有经验之人的身上有我想要的东西,这就是我为什么与年老之人和成功人士交谈的原因。我吸收了他们思想中的精华——美德、学识和经验——这些是我所渴望的,但我不会汲取他们的缺点。我将这些精华与已有的东

西加以整合，不仅能从他们的错误中领悟真理，也能从自己的错误上汲取教训。

学习要付出代价。我愿意为那些我所未知的知识付出代价。知识是什么？你必须寻找！

米尔本·史密斯是这样说的：复制成功。

你可以就一些问题自问：我愿意付出代价吗？我是否愿意汲取本书所举人物身上的优点——美德、知识和经验，而不学习他们的缺点？

如果你的回答是肯定的，那么我们的建议对你或许有所帮助，但是，我们要提前声明，阅读下面几页时，你要对照着回答问题。虽然这些问题都很简单，但事实上还有比自我评估更难的事吗？了解自己一直都是人类有史以来最难的话题。

为了帮助你了解自己，本书作者制订了一份个人分析调查表，为了帮助你更加方便地完成自评。你可能做过很多考题，比如智力测评、气质测评、个性测试、词汇量测评等各种各样的测试。

但这个测试与众不同，我们称之为"成功商测试"。这个测试是基于17条成功法则，是世界各领域杰出领导人取得卓越成就的基石。另外，这一测试的目的如下：

1. 引导你的思想走上预设的轨道。
2. 帮助你明确自己的想法。
3. 指出从当下到成功的路径。

4.鼓励你明确目标，明确你的未来在何处。

5.评估你成功到达预设目的地的可能性。

6.使你当前的雄心壮志及其他品质更加凸显。

7.鼓励你以积极的心态做想做的事。

建议你现在就进行成功商测试。在测试的过程中，你要尽力地认真思考、诚实回答，不要欺骗自己。只有诚实地回答每个问题，这份测试结果才是有效的。

1.积极的心态

a.你是否知道积极心态是什么意思？＿＿＿＿

b.你是否能够把控你的心态？＿＿＿＿

c.你是否知晓人们唯一能掌控的是什么？＿＿＿＿

d.你是否知道如何发现你或者他人身上的消极心态？＿＿＿＿

e.你是否知道如何将积极心态培养成一种良好的习惯？＿＿＿＿

2.明确的目标

a.你是否设定了人生的明确目标？＿＿＿＿

b.你是否设定了实现人生目标的期限？＿＿＿＿

c.你是否制订了具体的计划实现人生目标？＿＿＿＿

d.你是否知晓明确目标能为你带来哪些好处？＿＿＿＿

3.加倍地付出

a.你是否养成了多做分外事的习惯？＿＿＿＿

b. 你是否知道员工何时能拿到更多的报酬？＿＿＿＿

c. 你是否知晓哪些人没有多做分外事而最后成功了？＿＿＿＿

d. 你是否明白这个道理，每个人都想涨工资，但只有多做分外事才能获得加薪？＿＿＿＿

e. 如果你是老板，你对员工只做分内事的状态满意吗？＿＿＿＿

4. 正确的思考方式

a. 你是否持续学习，将工作当成自我提升的重要部分？＿＿＿＿

b. 你是否习惯于在不熟悉的领域里发表意见？＿＿＿＿

c. 你知道如何用知识找寻真理吗？＿＿＿＿

5. 自律

a. 当你愤怒时，你会口下留情吗？＿＿＿＿

b. 你是否养成了不思考就说话的习惯？＿＿＿＿

c. 你很容易失去耐心吗？＿＿＿＿

d. 你是否经常发脾气？＿＿＿＿

e. 你是否养成这样的习惯——感性大于理性？＿＿＿＿

6. 大师心智

a. 你通过影响别人，帮助自己实现人生目标了吗？＿＿＿＿

b. 你相信一个人即使没有他人的帮助，也可以成功吗？＿＿＿＿

c. 你认为一个人在配偶和父母不支持的情况下，也能轻易地成功吗？＿＿＿＿

d. 老板和员工和平相处，有好处吗？____

e. 如果你所在的团队受到了表扬，你自豪吗？____

7. 应用信念解万难

a. 你相信智慧无限吗？____

b. 你是一个正直的人吗？____

c. 对于你决定的事，你有信心做到吗？____

d. 你能够消除对这些的恐惧（贫穷、批评、疾病、失去爱、失去自由、变老、死亡）吗？____

8. 塑造迷人特质

a. 你的习惯使别人生厌吗？____

b. 你习惯于使用黄金法则吗？____

c. 与你共事的人喜欢你吗？____

d. 别人厌烦你吗？____

9. 个人主动性

a. 你制订工作计划吗？____

b. 等工作计划制订好，你才工作吗？____

c. 你在事业发展道路上，具有他人所没有的优秀品质吗？____

d. 你常有拖延症吗？____

e. 你是否更习惯于制订完美的计划以让工作更高效？____

10. 激情

a. 你是否充满激情？____

b. 你是否把你的激情投入计划的实施中？____

c. 你的激情凌驾于你的判断之上吗？____

11. 专注力

　　a. 你通常会专注于你所做的事情吗？____

　　b. 你很容易受他人影响而改变计划和决定吗？____

　　c. 你遭到反对意见往往会放弃你的目标吗？____

　　d. 你是否潜心工作而不理会外界的干扰？____

12. 团队合作

　　a. 你与他人相处融洽吗？____

　　b. 你会帮助他人就像别人帮助你一样吗？____

　　c. 你是否经常与他人有分歧？____

　　d. 同事间的友好合作，是否有益？____

　　e. 你是否意识到同事间不合作的危害？____

13. 从失败中学习

　　a. 失败会让你放弃尝试吗？____

　　b. 如果努力后依然失败，你会继续尝试吗？____

　　c. 暂时的失败与永久的失败一样吗？____

　　d. 你从失败中汲取教训了吗？____

　　e. 你知道如何将失败转化成宝贵的财富吗？____

14. 创意

　　a. 你是否建设性地使用你的创造力？____

　　b. 你自己作决定吗？____

　　c. 总是服从命令之人比有创新想法的人更有价值吗？____

　　d. 你有创造力吗？____

e. 你是否有与工作相关的可行想法？＿＿＿＿

f. 必要的时候，你会听取靠谱的建议吗？＿＿＿＿

15. **合理规划时间和金钱**

    a. 你是否定期存钱？＿＿＿＿

    b. 你是否不管未来怎样就花钱？＿＿＿＿

    c. 你每晚的睡眠充足吗？＿＿＿＿

    d. 你是否养成了阅读图书以自我提高的习惯？＿＿＿＿

16. **保持健康的体魄**

    a. 你知道保持健康身体的五大要素吗？＿＿＿＿

    b. 你知道保持健康身体应从哪里做起吗？＿＿＿＿

    c. 你认识到休息与身体健康的关系了吗？＿＿＿＿

    d. 你知晓保持身体健康的四大重要因素吗？＿＿＿＿

    e. 你知道"疑心病"与"精神疾病"的区别吗？＿＿＿＿

17. **养成好习惯**

    a. 你常常有无能为力的感觉吗？＿＿＿＿

    b. 你最近改掉不良习惯了吗？＿＿＿＿

    c. 你最近形成新的且想拥有的习惯了吗？＿＿＿＿

下面是评分规则。

每小题4分，以下问题的答案为"否"，即3c、3d、4b、5b、5c、5e、6b、6c、8a、8d、9b、9d、10c、11b、11c、12c、13a、13c、14c、15b、17a。其余问题的答案为"是"。如果问题全部答对的话，满分就是300分。当然这很困难，很少有人能拿满分。

最终得分的划分等级如下：

300 分——完美
275 ~ 299 分——优秀
200 ~ 274 分——良好
100 ~ 199 分——差
100 分以下——糟糕

当前，你已经向成功和幸福的生活迈出了重要的一步。

你诚实地回答了成功商分析表中的所有问题。如果你还没有完成这份表，抽时间完成吧。另外，你须要记住的最重要的一点是：这个结果并不是一成不变的最终结果。如果你的得分很高，那就意味着你能够很快地消化和实践本书涉及的成功法则；如果你的得分很低，不要沮丧！要以积极的心态面对。你会实现人生最大的成功。

当你向心理咨询师寻求帮助，找到适合自己的生意和职业时，你经常须要进行一系列的测试。

这些测试的结果会显示出你的倾向性，但是，心理咨询师并不认为这是最终的结果，他还会安排面试，发现那些无法用测试检测出的答案。

之后，心理咨询师综合测试及面试的结果，给予你指导，评估你的情况。

同理可知，本书中的调查问卷可以用于测量不断变化中的成功商。

反复阅读本书，读一遍，再读一遍。把此书大声地读给你的配偶或者好友听，逐点讨论。读出来，直到里面的内容成为你生活中的一部分，激励你的每一次行动。

当你应用这些法则3个月时，再用成功商分析表测试自己。你会发现，之前做错的部分现在已经纠正过来，而且这次你回答问题的时候更加果断，更加自信。

成功商数值对你来说不仅仅是一个测量标准，它可以显示出你须要通过自身努力不断加强的短板，当然它还会显示出你的优势。

你的未来就在你的眼前。只要唤醒内心的强大力量，你也可以引导自己的思想，控制自己的情感。该怎么做呢？你会在下一篇文章中找到答案。

唤醒内心沉睡的巨人

你是当今世界上最重要的人。

"停下来,好好审视自己:在世界的历史进程中,你独一无二;在浩瀚无尽的时间里,你独树一帜。"

你由许多因素造就,即先天遗传、后天环境、意识和潜意识、经验等已知和未知的力量。

对于这些已知或未知的力量,你可以加以影响、利用、控制,并使自身与之相协调。你可以引导你的思想,把控你的情感,改变你的人生。

因为决定未来的不是身体,而是思想。

你的思想中隐含着两股巨大的隐形能量——意识和潜意识。一股能量是永不休眠的巨人,也就是我们所说的潜意识;另一股能量沉睡时毫无能量可言,但一旦被唤醒,能量无穷,这就是我们所说的意识。当意识和潜意识协调运行时,就可以对未知和已知的力量施加影响、利用、控制,与之协调。

你想要什么?神灯里的精灵会对你说:"你想要什么?我和其他精灵定竭尽全力,助你实现愿望。"

唤醒你内心沉睡的巨人!这个巨人比阿拉丁神灯还要强大!你我都知道,阿拉丁神灯是人们虚构而成,但我们所说的这位沉睡的巨人确实存在。

你想要什么？你想要爱、健康的身体、成功、朋友、金钱、温馨的家、豪车、他人的认同、内心的平静、勇气、幸福？抑或让这个世界变得更加美好？你内心这个沉睡的巨人能让你的愿望变成现实。

你想要什么？说出来，你就能实现愿望。唤醒你内心沉睡的巨人吧！

如何唤醒它呢？

思考。以积极的心态思考。

此时，你内心沉睡的巨人就像精灵一样，被施以魔法，而你掌控这种魔法。这种魔法其实就像一面刻着积极心态、一面刻着消极心态的牌子。积极心态的实质就是诸如信念、希望、诚实和爱的优秀品质。

你将踏上伟大的征程。因为你要去向某个地方，你要行动起来而非一动不动。在行进的过程中，你可能要穿越条件艰难而又陌生的区域，所以在你成功抵达目的地之前，导航的各种技能必不可少。

船上的指南针可能会受到磁场的强烈干扰，在这种情况下，船长要保证船行驶在正确的航道上，所以对于可能出现的干扰，船长必须提前想出解决方案。

无论外部环境有何偏差或变化，校正后的指南针都会准确显示参数，告诉你正确的方向。这同样适用于人的一生，无论外部环境如何变化，指导思想都会为你指明方向。之所以人生的方向会产生偏差，是因为意识和潜意识中的消极心态在作祟。所以在前进的道路上，你必须校正这些偏差。

前方的路上，你可能会经历失望，遭遇逆境，面临危险。同理，在你航行的必经之路上，你会碰到岩石和隐秘的浅礁。如果你能辨明珊瑚礁和洋流，你就可以完美绕开。灯塔发出的亮光和浮标传出的声音，为你指引方向，避免受害，直至最终到达目的地。

这本书将在你的成功之旅中伴你而行。如果你能积极地汲取书中的精华，积极行动，本书就会为你带来成功、财富、健康的身心、丰富的精神世界和幸福的生活。记住安德鲁·卡耐基曾说过的话：

"生命中任何有价值的东西，都值得你为之奋斗。"

唤醒内心沉睡的巨人！下一篇文章会带你发现励志图书的魔力，帮你唤醒内心沉睡的巨人。

指导思想回顾 20

1. 你想要什么？你想要爱、健康的身体、成功、友谊、金钱、温馨的家、豪车、他人的认同、内心的平静、勇气、幸福？抑或让这个世界变得更加美好？

2. 把你的愿望说出来，你就能梦想成真。

3. 思考。以积极的心态思考。

4. 校正你的指南针，避免涉险，继而安全地抵达你的目的地。

5. 唤醒内心沉睡的巨人！

阅读的奇妙能量

阅读具有巨大的潜能，因为其中隐含了一个按钮，只要按下去，内心的能量就会被释放出来，这些能量还未被开发，抑或还未使用，但只有你独有。我们希望按下这个按钮，引发连锁反应，助你走向真正的成功。如果你想自我激励抑或激励他人，就用一本书来帮助自己吧。

用一本书表达想法。本书作者就用了这种方式，将他们在创作中、演讲中和咨询服务中总结出的成功法则用一本书表达出来。我们推荐那些能够经得起推敲的励志图书，这些书能够使读者产生共鸣，激发读者采取积极行动。

倍感幸运的是，当今的美国拥有一群有才华的作家，他们播撒思想的种子，激励那些想要提升自我的人。读者产生了应有的反应，采取了行动。

虽然我们推荐的一些书如今已经绝版，但这些书中蕴含的真理在今天一样有用。你可以从二手书店淘到这些书，也可以从图书馆借阅。

我们希望你能阅读这些书。不管你读哪本书，你都可以在书中找到你所在领域的成功人士。阅读不同领域的成功人士的故事，总结出他们的共同点。

将你的一些优秀的、可给他人以帮助的思想和理念与他人分享。

纳特·利伯曼（Nate Lieberman）就是这样做的。他有强大的信念，与他人分享了数以千计的励志图书。正是因为分享了爱默生的文章，爱默生得以与斯通先生成为好朋友。他还将爱默生介绍给了《暗示与自我暗示》《精神现象的法则》《创新和潜意识》等书的作者。

分享思想和理念真的是一件神奇的事情。你虽然把思想和理念传递出去了，但你仍然拥有这种思想和理念。

布朗尼·怀斯就深知这一点。她要养活自己和生病的儿子，但她微薄的收入不足以支付儿子的医疗费用。所以，她找了一份兼职工作，在特百惠百货公司当销售以增加一些收入。

她需要钱。因为有了钱，她的儿子就可以得到最好的医疗服务，她们还可以搬到适宜养病的地方。她祈求帮助，果真她如愿了。

她读了一本名叫《思考致富》的书。她读了一遍又一遍，事实上，她读了6遍。她从这本书中找到了自己期盼已久的成功法则，然后美好事情就发生了。她知道了在自己这种状况下，应该如何运用这些法则，她也将这些想法付诸了实践。不久之后，她从特百惠公司获得的报酬达到了每年18000美元；又过了几年，她的收入增加到每年75000美元。她在那个时候一跃成为公司的副总裁兼总经理，是美国公认的最杰出的女性销售经理人。她的成功还在持续，如今她当上了辛德瑞拉国际公司的总裁。

这位著名商业女精英的成功就是始于一本书，而且她还时刻带着这本书。她的成功归因于她渴望成功的动机。她把从《思考致富》这本书中学习到的东西与他人分享，并把这本书推荐给她的同事们。她督促同事反复阅读这本书，在生活中运用其中的成功法则。她还向大家推荐了其他励志图书。

李·麦汀杰（Lee S. Mytinger）和威廉·卡瑟贝利（William S. Casselberry）的故事也印证了图书助人成功这个道理。他们共同销售保健产品，该产品中含有维生素和矿物质，有益于人体健康，他们俩的销售总额高达百万美元。他们阅读了《思考致富》，汲取了里面的精华，行动了起来。他们善于激励经销商，向他们输送精神养料。这个精神养料就是《思考致富》中的精华。每个新员工入职之前都要学习相关的励志课程，了解成功的基本要素。他们向大家分发了上千本励志图书，因为他们知道书对于激发人的潜力和成功影响巨大。

克莱门特·斯通在他的公司广泛普及励志图书。公司购买了上千本励志图书供员工、股东和销售代表阅读。所以，公司的成长和如今的成功绝非偶然。

如何阅读。阅读励志图书也是一门学问。阅读时，要集中注意力；要把图书当成好朋友，要有种这本图书只为你而写的感觉。

你还能回想起亚伯拉罕·林肯的故事吗？他在阅读的过程中，为了将自己的经历与其中的法则联系起来，将法则内化成自己的东西，花了很多时间思考。这是一个很好的榜样。

阅读励志图书时，明智之举是了解自己的需求。如果你知道自己的需求，你就更容易找到它。阅读励志图书不能像阅读侦探小说那样囫囵吞枣。莫蒂默·J. 艾德勒（Mortimer J. Adler）在《如何阅读》一书中给出了明确的阅读建议。以下就是理想的阅读步骤。

步骤 A：泛读全文，了解大意。这是第一遍阅读的目的。快速阅读全文，掌握书中的大致脉络和中心思想。但在这一过程中，要把重要的单词和短语标记出来，在旁边做好简要的笔记，同时把自己当时的灵感也记下来。当然，你是在自己的书上记笔记，这些标注让这本书更有价值。

步骤 B：精读。第二遍阅读的目的是吃透细节。对于书中你能理解并且能掌握的东西和一些新颖的观点，要引起重视。

步骤 C：为未来阅读，做好储备。第三遍阅读的目的不再停留在理解层面，更多的是记忆内容。在阅读的过程中，找出相关问题的解决方案。试验新的想法，尝试新的想法，丢弃没有价值的东西，在你的思维习惯中留下深刻的思考印记。

步骤 D：再次阅读，更新你的记忆库，重新激发你的灵感。有一个很有名的关于销售员的故事，故事中的这位销售员站在销售经理面前说："原先的销售业绩那么差，我没有信心。"在这种情况下，我们应该重新阅读我们之前的图书，重新点燃之前的激情。

每一本你阅读的励志图书都蕴含了精神宝藏，你要发现宝藏，为你所用。值得提醒你的是：将里面的精华和可取之处与他人分享，唤醒你内心的巨人。

这不是终点，而是你人生新的开始。

但愿结局是你所期望的那样。

指导思想回顾 21

1. 正如布朗尼·怀斯、麦汀杰、卡瑟贝利、克莱门特·斯通及其他成功的销售经理一样，你可以自我激励，也可以激励他人阅读励志图书，采取积极的行动，这些图书要经得起实践的验证。

2. 布朗尼·怀斯认为有必要阅读 6 遍《思考致富》，这样才能认识到其中可以应用的法则。阅读后，发生了奇妙的变化。她成功了。

3. 阅读励志图书时，要做到以下 4 点。

（1）集中注意力。

（2）把阅读的图书当好朋友，觉得此书只为你而写。

（3）了解你的需求。

（4）行动起来——尝试实践推荐的法则。

4. 阅读本书后，你可以在工作中评估书中的法则，使自己成为更好的人，让世界变得更加美好。